U0338392

日本神社
解剖图鉴

〔日〕米泽贵纪 著　史诗 译

南海出版公司

新经典文化股份有限公司
www.readinglife.com
出　品

目录

第 **3** 章　追溯神社的历史

第 **4** 章　神社供奉着何物

第 **5** 章 ┊ 神社的组成体系

第 **6** 章 ┊ 神社的美好恩惠

前言

神社的魅力究竟在哪里？

电影《龙猫》中有这样的画面：父亲带着两个年幼的女儿——皋月和梅，向被奉为神木的巨大樟树问候致意。人们敬畏巨树、巨石、气候和自然现象等超越认知的存在，并认为其中必有神明，这样的感受非常原始，但生活在现代的我们恐怕也已继承下来。贯穿集群历史和日常生活的信仰形态，从古至今都是文化的一部分。

与此同时，也有一些神社因奢华的社殿、高规格的祭祀和颇有来头的神宝而闻名。那些地方供奉着神话里有名的神明，并象征着某一地区、藩国或氏族的历史传承，展现出不可撼动的存在感。

神社多种多样，即使祭祀的神明相同，在性质和信仰形态上也常有很多不同之处。这种"多样性"正是我们认识神社时的关键所在，也是神社魅力的源泉。神社之所以会如此多样化，原因之一就在于神道教不像佛教那样拥有系统的经典和教义，而是从各地的民

间信仰中提炼出来的。此外，大和①朝廷对神话进行了编纂，以及此后祭祀的制度化、神道教和佛教的融合与分离等，在各个时代，神社不断改变形态以适应时局，这一点也带来了不小的影响。在这样的过程中，每座神社都确立了自己的文化。

现在的神社也是如此，有的被当作灵圣之地受到关注，有的创立了新的祭典，一些现代风格的设计也融入了境内的建筑和参拜纪念品中。神社适应时代变化，继续作为接受人们祈愿的场所存在下去，未来的传统和历史正在今天不断孕育。

另一方面，自古不变的习惯也带来了安心、宁静与怀旧感。而让人身体为之一紧的肃穆感也是神社能够汇聚人气的理由之一。

时至今日，人们仍带着各自的愿望走向神社。也许可以说，正是参拜者继承了神社的文化传统，同时创造着神社的历史和未来。

①大和是日本的一个时代，也称古坟时代，时间是 250 ~ 538 年。

第 **1** 章

神社是什么样的地方

　　神社里有鸟居、社殿、门、塀、垣等各种各样的建筑。如果进一步凝神观察，还会发现以狛犬和狐狸为代表的多种生物的雕像和雕刻，他们的外形和摆放场所都有讲究，若能多了解一些，欣赏神社时视野也会更加开阔。

神社里有什么?

气多大社(石川县)

从奈良时代就广为人知的气多大社，是北陆地区极具代表性的古老神社之一。神社受朝廷和历代领主的至高尊崇[①]，至今还留有诸多战国时代到江户时代期间的建筑。

神社境内的每一部分都各有来源。象征神域的垣和鸟居等早期就已存在，楼门、回廊、灯笼等受到了佛教的影响，神乐殿和舞台据推测是伴随仪式和祭典的规范化修建的。此外，有些附属于本社的小神社（摄社、末社）是出于政治目的[②]被劝请[③]至这里的。

在北陆首屈一指的古老神社中观察神社的构造

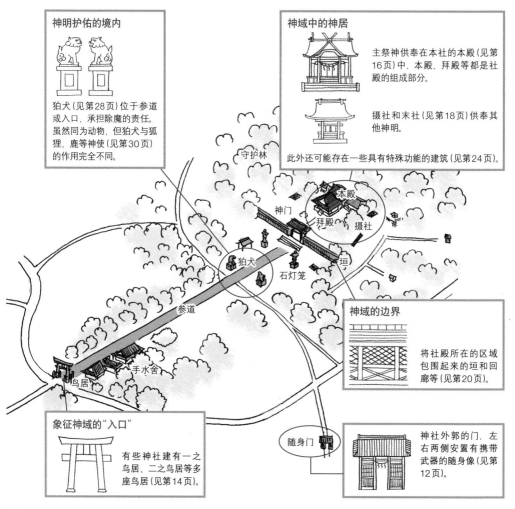

神明护佑的境内

狛犬（见第28页）位于参道或入口，承担除魔的责任。虽然同为动物，但狛犬与狐狸、鹿等神使（见第30页）的作用完全不同。

神域中的神居

主祭神供奉在本社的本殿（见第16页）中，本殿、拜殿等都是社殿的组成部分。

摄社和末社（见第18页）供奉其他神明。

此外还可能存在一些具有特殊功能的建筑（见第24页）。

守护林

本殿
神门
拜殿
摄社
垣

狛犬
石灯笼

参道

手水舍

鸟居

神域的边界

将社殿所在的区域包围起来的垣和回廊等（见第20页）。

象征神域的"入口"

有些神社建有一之鸟居、二之鸟居等多座鸟居（见第14页）。

随身门

神社外郭的门，左右两侧安置有携带武器的随身像（见第12页）。

所在地：石川县羽咋市寺家町ク1-1。 创建年代：不明。 主祭神：大己贵命。 小贴士：除了本殿、拜殿和神门，摄社白山神社和若宫神社的本殿也被列入日本重要文化财（Important Cultural Properties）。

①庇护藩国内势力强大的神社和寺庙，与他们保持良好关系，是治理藩国的必要措施。②明治时代进行过大规模的合祀，用中央的神明代替原有的土地神（见第70页）。③将神佛的分灵移至其他地方祭祀。

纸上游览① 邀你进入神社的事物

参拜者穿过一座或多座鸟居，沿着参道走向社殿。这里以气多大
社为例，介绍这一过程。

脱离俗世，清净身体

鸟居

匾额上不仅写有神社的名字，
还有祭神、镇守、一宫①等文字。

有的神社有数座鸟居，一直排列到社殿前。气多大社的鸟居属
于明神鸟居（见第14页），但有时同一座神社也会有不同样式
的鸟居。

手水舍

水盘中溢满了水。

手水舍又称水盘社、水屋。参拜前要用长柄勺
舀起手水舍水盘中的水清洁手口。

参道上也有丰富的看点

狛犬都是成对出现
境内事物的配置考虑到了在参道上行走的
人。狛犬属于与狮子相似的兽类雕像，有
的也会设置狐狸、狼、鸡、蛇等其他动物
雕像。

阿吽的组合很常见，
但也有两边都是阿
的情况。

参道旁的狛犬多为
石制的，但也可见
陶制的。

外形多样的石灯笼
由敬神者供奉，外
形多样，甚至还有巨
型石灯笼。有些神
社的参道两侧排列
着密密麻麻的石灯
笼。

宝珠
笠
火袋
中台
竿
基础
基坛

参道是指引人们前往本殿、摄社和末
社的道路，多为石板或石子铺成。这
样的材料自古以来便很奢侈，时至今
日，维护石子路依然要花费很大精力。

①某一藩国地位最高的神社。

纸上游览② 将神域的边界视觉化

让我们再来关注一下社殿所在的区域和位于神域入口的门。本殿所在的神域通常被垣包围。

矗立在神域边界的神门

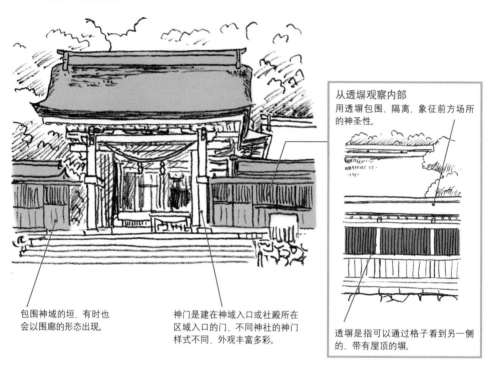

从透塀观察内部
用透塀包围、隔离，象征前方场所的神圣性。

包围神域的垣，有时也会以围廊的形态出现。

神门是建在神域入口或社殿所在区域入口的门，不同神社的神门样式不同，外观丰富多彩。

透塀是指可以通过格子看到另一侧的、带有屋顶的塀。

随身像镇守的随身门

随身门也写作"随神门"，位于神域的入口附近，建筑形式多种多样，其中也包括楼门（两层的门）。

随身是指贵族外出时保护其人身安全的侍从。安放在通道两侧的随身像携有剑和弓，俗称矢大臣和左大臣。

小贴士：气多大社建造年代不明，文献第一次有记载是在《万叶集》里，记录了越中守大伴家持巡游能登地区时参拜气多大社一事。

纸上游览③　慢赏社殿

首先前往拜殿。神社的中心是本殿，且绝大多数情况下禁止入内，有些周围还环绕着垣。本殿周围并立有摄社和末社。

参拜本社

拜殿

拜殿是用来礼拜祭神或祭典时供祭祀人员就座的建筑，部分神社的拜殿还兼做奉纳神乐的舞台。

拜殿分为妻侧①朝向正面的纵拜殿和平侧②朝向正面的横拜殿，横拜殿中央设有通道的叫割拜殿。图中为纵拜殿。拜殿的建筑样式并不固定，气多大社的拜殿为入口位于妻侧的入母屋造③。

本殿

气多大社本殿为两流造（见第17页）。

本殿为祭祀主祭神大己贵命的建筑。本殿通常要比神社内的其他建筑更加豪华，规格也更高。有些神社的本殿位于覆屋中。

切莫忽视摄社和末社

枝社

与本社相对的枝社包括摄社和末社，两者规模不定，但大都比本殿小。

白山神社的祭神是菊理媛神，建筑为三间社④流造。

摄社·白山神社

摄社供奉与祭神相关的神明。摄社、末社和本殿的建筑样式并无关联。

若宫神社的建筑样式为一间社流造。　摄社·若宫神社

以守护林为背景

守护林就是镇守神社的森林，不少都保留有珍贵的自然景象。

有的守护林是未经开发的原生林，有的成了都市中宝贵的绿色空间。

有的神社甚至全境被森林覆盖，但也有些地方是禁止入内的（禁地）。

小贴士：大己贵命是大国主神（见第42页、44页）的别名。根据传说，大己贵命是从出云大社来到气多大社开拓领地的。此外，关于大己贵命离开出云后的去向，除了能登地区，还有但马（兵库县）、越中（富山县）、越后（新潟县）等说法，因此，在这些地区也可见到名为"气多"的神社。
①与屋脊垂直相交的侧面。②与屋脊平行的侧面。③入母屋造的屋顶，上部形似倒扣的书本，下部有四个坡面。④神社本殿正面由四根柱子分成三个并列空间。

鸟居是通向神域的入口

八坂神社（京都府）

　　八坂神社曾被称为感神院、祇园社，这里供奉着驱除疫病的神明，受到信众的热烈拥戴。矗立在正面入口的石鸟居威风凛凛，是一座明神鸟居，向内侧倾斜的圆柱上附有称为"贯"的横木和带弧度的岛木、笠木。

　　鸟居矗立在神社的入口或参道上，象征神域的边界。关于鸟居的起源有多种说法，比如从古代印度、中国、韩国等地传来的门。鸟居多由两根柱子和横木构成，构造简洁，但各部分的形状和组合方式多种多样。很多鸟居特征鲜明，修建时从参拜者的角度出发营造视觉效果，是神社的一大看点。

八坂神社巨大的明神鸟居

最上部为笠木
笠木是最上部的横向部件。八坂神社的笠木两端稍粗，带有弧度。这样的弧度称为"增弧"。

粗壮的圆柱
不少圆柱都是从下至上向内侧倾斜（称为倾倒）。

中央挂有神额
用来写神社的名字。一般称"匾额"，但在神社中被特意称作"神额"。挂在岛木和贯之间的柱状"额束"上。

是否有岛木十分重要
紧挨笠木下方的横向部件，神明鸟居等没有。

明神鸟居
最常见的鸟居就是具备岛木的明神鸟居，八坂神社的鸟居就是代表。

楔子
为了防止贯脱落。

横向贯穿的贯
位于下方的横向部件，有的贯穿柱子，有的到柱子即止。

日本最大的石鸟居
高 9.5 米。

由上下两块石头组成的柱子
细看可以发现柱子上的切痕。八坂神社鸟居的柱子由两块石材建造而成，凭人力垒起巨石必然费了一番功夫。

八坂神社之名
1871 年颁布禁止神佛融合的命令① 后，这里便更名为八坂神社，神额的文字是有栖川宫炽仁亲王题写的。

所在地：京都府京都市东山区祇园町北侧 625。　　创建年代：656 年。　　主祭神：素盏鸣尊、栉稻田姫命、八柱御子神。　　小贴士：素盏鸣尊和妻子栉稻田姫命是夫妇神，关系极好，供奉两位神明的八坂神社是为恋爱祈福的好地方。本殿、楼门、石鸟居和末社蛭子社的社殿被指定为日本重要文化财。

①在 1868 年（明治元年）神佛分离令公布之前，八坂神社供奉着被视为与素盏鸣尊同体的牛头天王。

鸟居的设计大致分两类

鸟居大致可以分为没有岛木的神明系和有岛木的明神系。仔细观察细节，就会发现每一大类下又有分支。在这里为大家介绍一下神明系典型的神明鸟居、明神系的鸟居和部分形状特殊的变形鸟居的代表。

神明鸟居

笠木的木口(切口)为五边形。

笠木没有增弧，与地面平行。

贯不会伸到柱子外侧。

中央没有连接笠木和贯的额束。

笠木下方没有岛木。

伊势神宫(三重县)

神明鸟居仅由柱子、贯和笠木组成。图为伊势神宫(见第108页)的鸟居，笠木的断面是极具个性的五边形，被称为"伊势鸟居"。
神明鸟居的主要神社：鹿岛神宫(茨城县，见第86页)

明神系：两部鸟居

柱子前后建有支柱，用贯相连。这样的鸟居在两部神社(神佛融合的神社)中很常见，根据外形，也称为四脚鸟居。窪八幡神社的鸟居建于1540年(天文九年)，是现存最古老的木制鸟居。
建有两部鸟居的主要神社：气比神宫(福井县)、严岛神社(广岛县)。

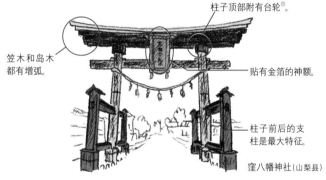

柱子顶部附有台轮①。

笠木和岛木都有增弧。

贴有金箔的神额。

柱子前后的支柱是最大特征。

窪八幡神社(山梨县)

明神系：稲荷鸟居

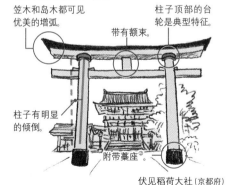

笠木和岛木都可见优美的增弧。

带有额束。

柱子顶部的台轮是典型特征。

柱子有明显的倾倒。

附带藁座②。

伏见稲荷大社(京都府)

柱子顶部附有台轮，有说法认为是用来防腐的，这样的鸟居也被称为台轮鸟居。
建有稲荷鸟居的主要神社：穴八幡宫(东京都)

变形鸟居：山王鸟居

笠木上方附有三角形装饰。

外侧可见厚度增加的增弧。

贯伸到柱子外侧。

带有额束。

笠木下方有岛木。

柱子下方可见藁座。

日吉大社(滋贺县)

也叫作合掌鸟居，特征是笠木上方的三角形装饰，它是代表神佛融合的神道——山王神道的象征。日吉大社如今的鸟居是大正时代重建的。
建有山王鸟居的主要神社：山王日枝神社(东京都)

①鸟居柱子上方承接岛木的圆盘状部件。②卷附在鸟居柱子根部的金属或木头。

社殿是神的居所

神魂神社（岛根县）

神魂神社的本殿是现存最古老的大社造建筑。大社造可见于出云大社等出云地区的神社，其特征为粗壮的柱子和巨大的切妻式屋顶①。

社殿往往是指神明居住的本殿，但参拜者进行参拜的拜殿和向神明敬献币帛（供品）的币殿也被称为社殿。

本殿的建筑样式有多种分类依据②，或根据屋顶形状，或根据入口与屋脊的相对位置（平行的是平入，垂直的是妻入），或根据屋顶的架设方法。也有些社殿的外形是由当地独有事物的特征或与祭神的关系决定的。

神魂神社：本殿为现存最古老的大社造

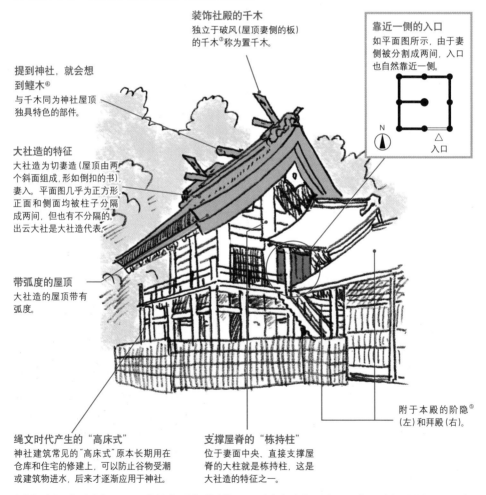

装饰社殿的千木
独立于破风（屋顶妻侧的板）的千木③称为置千木。

靠近一侧的入口
如平面图所示，由于妻侧被分割成两间，入口也自然靠近一侧。

N
△入口

提到神社，就会想到鲣木④
与千木同为神社屋顶独具特色的部件。

大社造的特征
大社造为切妻造（屋顶由两个斜面组成，形如倒扣的书），妻入。平面图几乎为正方形，正面和侧面均被柱子分隔成两间，但也有不分隔的。出云大社是大社造代表。

带弧度的屋顶
大社造的屋顶带有弧度。

绳文时代产生的"高床式"
神社建筑常见的"高床式"原本长期用在仓库和住宅的修建上，可以防止谷物受潮或建筑物进水，后来才逐渐应用于神社。

支撑屋脊的"栋持柱"
位于妻面中央、直接支撑屋脊的大柱就是栋持柱，这是大社造的特征之一。

附于本殿的阶隐⑤
（左）和拜殿（右）。

所在地：岛根县松江市大庭町563。　创建年代：平安时代中期以后。　主祭神：伊弉冊大神。　小贴士：神魂神社的神纹采用了"有"字，据说是因为该字是神明从全日本各神社汇集而来的"神在月"，也就是"十月"一词的"十"和"月"组合而成的。本殿为日本国宝。
①外形如同将一本打开的书倒扣。②有的本殿，在用来参拜的"向拜"处和屋顶可见三角形的千鸟破风或弧度明显的唐破风。③神社屋顶常见的交叉长木。④神社屋顶常见的鱼形压脊木。⑤位于社殿正面的台阶上方，用两根柱子支撑、向前突出的屋檐。

区分本殿的样式

除了前文提及的大社造，本殿的建筑样式还有神明造等许多种类。本殿是普通人不能进入的神圣场所，许多神社被垣围在中间，与外界隔绝，从外部很难看见。

古风残存的神明造

切妻造，平入。代表神社是伊势神宫（见第108页），境内摄社和末社的样式也相同。和大社造同为古风样式。

千木从破风上方交叉伸出。有说法认为，千木前端水平切断的"内削"表明供奉着女神，垂直切断的"外削"表明供奉着男神，伊势神宫的内宫为内削，外宫为外削。

关于鲣木的数量，供奉男神的社殿为奇数，供奉女神的社殿为偶数，伊势神宫的内宫为偶数，外宫为奇数。

从破风向外突出的木材名为鞭挂。

屋顶没有弧度。

柱子是在地面直接挖洞埋设的掘立柱，呈现出古老的样式。

伊势神宫内宫（三重县）

数量最多的流造

切妻造，平入。有说法认为流造是从神明造发展而来的，特点是前方的屋顶比后方的长。流造广泛分布于日本各地，在被列入日本重要文化财的社殿中，流造是最常见的样式。

屋顶伸向前方的部分称为向拜。

下鸭神社本殿（京都府）

屋顶向前方伸展，勾勒出曲线，这是流造的特征。伸出的屋顶遮住正面的外廊和台阶。

近畿常见的春日造

切妻造，妻入。屋顶正面附有庇①，多见于以奈良为中心的近畿地区。图中为日本最古老的春日造——圆成寺春日堂、白山堂。

屋顶带有弧度。

特征是妻侧的庇。屋顶和庇的连接方式有两种，或嵌入关板，或嵌入隅木。

妻侧为正面。

柱子立于井字形的地基上。

圆成寺春日堂、白山堂（奈良县）

复杂的权现造

本殿和拜殿通过石间③连接成工字形的复合社殿，也称石间造。

石间

拜殿

本殿

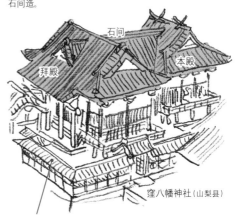

窪八幡神社（山梨县）

权现造出现在平安时代，多见于带有灵庙性质的神社。也有说法认为权现造是从双堂形式的八幡造发展而来的，但没有明确依据。现存的权现造神社数量远多于八幡造神社。

①庇是日本古代对于建筑空间的定义，简而言之是单个建筑里的附属空间。②出云地区的大社很多，近畿地区则多见春日造，这可以看作地区与社殿样式之间的关联。住吉造（见第100页）也与春日造一样，社殿样式为切妻造、妻入，但两者并没有特别的关联。③权现造中连接本殿和拜殿、铺有石头的部分，低于本殿和拜殿。

摄社和末社中的各路神明

太宰府天满宫（福冈县）

　　太宰府天满宫供奉着平安时代的学者、政治家菅原道真，他是众所周知的"学问之神"。天满宫境内除了与道真相关的梅树（飞梅）①和牛的雕像，还有许多小神社，即摄社和末社。本殿背后祭祀着道真的老师和家人，周围有数座神社并立。

　　像这样拥有摄社和末社的神社不在少数，摄社祭祀与主祭神相关的神明，末社祭祀其他神明。摄社和末社没有固定的社殿样式（见第 16 页）和规模，从附带拜殿的气派建筑到小祠堂，多姿多彩。

与主祭神相关的摄社，各路神明居住的末社

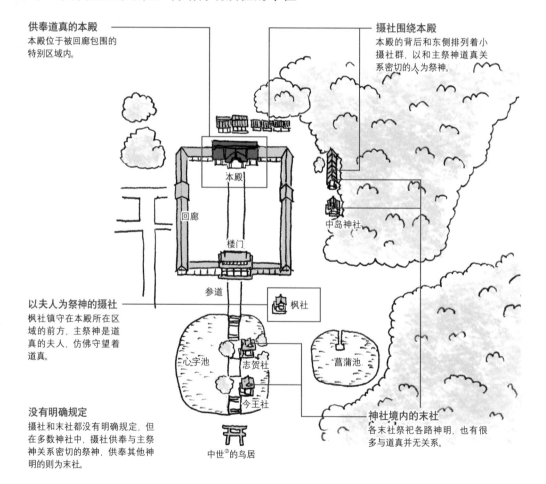

供奉道真的本殿
本殿位于被回廊包围的特别区域内。

摄社围绕本殿
本殿的背后和东侧排列着小摄社群，以和主祭神道真关系密切的人为祭神。

本殿

回廊

楼门

中岛神社

参道

枫社

以夫人为祭神的摄社
枫社镇守在本殿所在区域的前方，主祭神是道真的夫人，仿佛守望着道真。

心字池　　志贺社

今王社

菖蒲池

没有明确规定
摄社和末社都没有明确规定，但在多数神社中，摄社供奉与主祭神关系密切的祭神，供奉其他神明的则为末社。

中世②的鸟居

神社境内的末社
各末社祭祀各路神明，也有很多与道真并无关系。

所在地：福冈县太宰府市宰府 4-7-1。　建造年代：919 年。　主祭神：菅原道真。　小贴士：菅公（菅原道真）于 901 年（延喜元年）被贬至太宰府，在郁郁不得志中离开了人世。在用牛车运送遗体前去埋葬的过程中，牛车突然不能前行，于是人们就将他埋在那里，也就是如今太宰府天满宫的所在地。除本殿外，末社志贺社的社殿也名列日本重要文化财。
①传说，道真平日喜爱的梅花追随他从京都飞到太宰府，如今太宰府天满宫内仍种有白梅。②中世指日本的镰仓时代、室町时代，时间约为 12 世纪末到 16 世纪中期。

与各路神明和各式建筑相遇

巡拜神社时，除了本社，如果能多留意一下摄社和末社，很可能会有新的发现。
此外，有些神社在境外也有相关神社，即境外末社。

本殿背后的摄社群

本殿背后的社殿全部为摄社，均为流造(见第17页)建筑，供奉着道真的老师、家人等关系密切的人。

供奉岛田忠臣，此人是道真在诗歌方面的老师，也是他的岳父。

供奉道真父母的摄社，是摄社中规模最大的。

福部社　老松社

御子社

4座社殿的规模几乎相同，是祭祀道真的孩子们的御子社。从画面近端开始按长幼顺序排列。

正面的外廊像架子一样，称为见世棚造。

摄社：枫社

祭祀道真夫人宣来子的摄社，据传建于室町时代，是流造建筑。

台阶下方较低的外廊称为滨床或滨缘。

末社：中岛神社

供奉"和果子之神"田道间守的末社，1954年(昭和二十九年)作为业界守护神由九州和果子行业的会员请来，建筑为流造。

不仅有本殿，还有瑞垣和鸟居。

末社：志贺社

太宰府自古以来就是大陆的玄关，也是贸易的据点，因此人们建造了祭祀海神少童三神的志贺社。

正面可见千鸟破风。

矗立在诸多切妻造中的入母屋造建筑。

向拜部分的屋顶呈曲线，这种样式叫唐破风。

末社：今王社

建在心字池里岛上的流造末社，没有相关建造资料。敕使因特殊情况无法参拜时①，会在这里开展祭拜活动，可见其特殊地位。

切妻造，平入。前方屋顶伸出较长，形成向拜，这也是流造的特征。

①参拜者在途中如遇疾病等情况，会被视为"不净"，不能进入神域。

19

垣、回廊和门是俗与圣的边界

油日神社（滋贺县）

油日神社以油日岳为神体山，中世时成为甲贺武士的总氏神，油之神也在民间广受尊崇。神社境内开阔，楼门（神门）①和回廊环绕着本殿和拜殿。神社境内及社殿被垣（瑞垣）或回廊环绕，目的是让人们认识到这里属于神域，部分神社甚至设置了几层包围②。在有多重垣的情况下，最内侧的称为瑞垣，外侧的多称为玉垣或荒垣③。

回廊可作为建筑间的通道，也可在祭典时作为观众席，还可以用祭品装饰。

环绕、守护神明居所的楼门和回廊

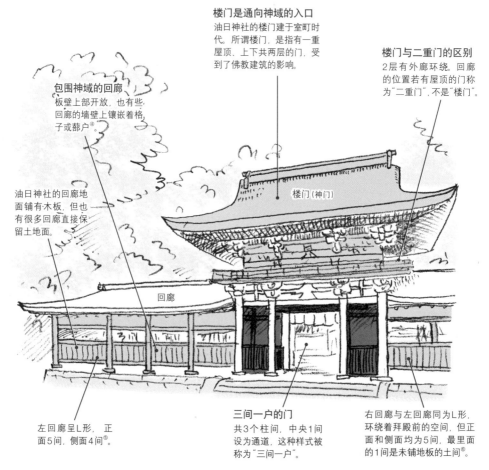

楼门是通向神域的入口
油日神社的楼门建于室町时代。所谓楼门，是指有一重屋顶、上下共两层的门，受到了佛教建筑的影响。

楼门与二重门的区别
2层有外廊环绕。回廊的位置若有屋顶的门称为"二重门"，不是"楼门"。

包围神域的回廊
板壁上部开放，也有些回廊的墙壁上镶嵌着格子或蔀户④。

油日神社的回廊地面铺有木板，但也有很多回廊直接保留土地面。

楼门（神门）

回廊

左回廊呈L形，正面5间，侧面4间⑤。

三间一户的门
共3个柱间，中央1间设为通道，这种样式被称为"三间一户"。

右回廊与左回廊同为L形，环绕着拜殿前的空间，但正面和侧面均为5间，最里面的1间是未铺地板的土间⑥。

所在地：滋贺县甲贺市甲贺町油日1042。　建造年代：据传为用明天皇在位期间。　主祭神：油日大神。　小贴士：社传中记载了"油日"一名的由来，即大明神降临在神社东南方的山顶时发出了光芒，如同被点燃的油。社殿据说为圣德太子主持修建，本殿、拜殿、楼门和回廊均为重要文化财。

①楼门指上下共两层的门。神门指神社的门。②垣、塀和回廊在设置上的区别，很难找到明确的规则，但应该与神社的特征和历史密不可分。③设置多重垣是为了增加祭神的神圣性。④在格子窗内部装有木板，可以遮光防雨。⑤间是日本的长度单位，1间约等于1.8m。⑥地面为泥地或三合土的室内空间。

垣和门是神域的边界

垣、回廊、神门等是在社殿诞生后出现的。在人们将磐座和神篱（神明降临的地方）作为参拜对象的古代，还没有用这类建筑划出边界的习惯。

神门：通向神域的入口

多田神社本殿前的随身门两侧供奉着守护境内的神明（随身像）。神门的样式为八脚门。随身门的由来尚不明确，但应该与神像的起源有关。

随身像是武官装束，手持剑和弓。多田神社供奉着两尊雕像，面向随身门，右侧为枥石窗神，左侧为丰石窗神。

随身门两侧的墙壁是用土夯实建成的筑地塀。这种样式随佛教建筑一起传入日本，多见于宅院和寺庙。

门的两侧和筑地塀之间均有小门（胁户）。

塀

随身门

多田神社（兵库县）

塀：包围神社

环绕妙义神社社殿的塀为透塀，这种塀嵌入了格子等部件，可以看到内部景象，且附带屋顶。本殿周围尤其常见。

将木材组成菱形的菱格子，有的也镶嵌纵格子等。

妙义神社透塀的顶部铺设了木板，也有铺瓦或铜板的。

妙义神社（群马县）

回廊：也可成为通道

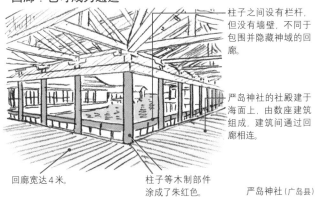

柱子之间设有栏杆，但没有墙壁，不同于包围并隐藏神域的回廊。

严岛神社的社殿建于海面上，由数座建筑组成，建筑间通过回廊相连。

回廊宽达4米。

柱子等木制部件涂成了朱红色。

严岛神社（广岛县）

垣：禁止入内

石上神宫的禁地被剑状的石制瑞垣包围。

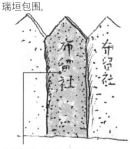

布留社是石上神宫的别名。

石上神宫（奈良县）

渲染神圣空间的天花板画

平冈八幡宫（京都府）

平冈八幡宫是山城国（现在的京都府南部）最古老的八幡宫①，是弘法大师空海从宇佐神宫请来②做神护寺守护的。这里最有名的就是本殿的"花之天花板"。由格子框架组成的井字形天花板上共描画了44种鲜艳的花，与神明十分相称，将建筑装饰得美轮美奂。

建造者们不仅为柱子和墙壁涂上了颜色，还在天花板或墙壁上作画，愉悦神明的同时也装饰了神明的居所，意在彰显神明的威严。有的神社对拜殿也施以装饰，赏心悦目，更让参拜者切身感受到参拜的意义。

"花之天花板"

本殿的格子天花板
规格极高的天花板，与安放神体的神域非常相称。作者为江户末期的画师绫户钟次郎藤原之信。

色彩绚烂的天花板画
格子中间用矿物颜料等描绘的花朵和果实完成于江户时代末期，至今仍保留着鲜艳的色彩。

黑色 × 朱红色的格子框架
分隔格子天花板的部件涂有黑漆，削去棱角形成"面"，面被涂成了朱红色。

44个格子中的植物无一相同，设计者想要营造一个华美绝伦的空间。

蟆股，形似一只青蛙张开的双腿，同样上了色。

所在地：京都府京都市右京区梅畑宫之口町23。　建造年代：809年。　主祭神：应神天皇。　神社规格：村社。　小贴士：社殿内阵的鸭居（拉门门框上部的带槽横木）上点缀着红色和白色的山茶花。山茶花是平冈八幡宫的象征，据传只要祈愿，山茶花就会盛开一日，帮人们达成心愿。平冈八幡宫境内有树龄超过170年的白山茶花。
①创建超过1200年的古老神社，神体为弘法大师空海亲笔创作的僧形八幡神像。社殿曾在1407年（应永十四年）毁于火灾，后由足利义满主持重建。八幡宫是祭祀八幡神的神社，全日本共有约4万4千座。②平冈八幡宫是空海于809年（大同四年）从大分县的宇佐神宫（八幡宫，见第106页）将分灵请来时修建的。

让人神共乐的精雕细琢

神社社殿中的装饰、浮雕，与绘画有着截然不同的趣味。但无论哪一种装饰，都可从中感受到设计者取悦神明和参拜者的匠心。

浮在天花板上的9朵云

神魂神社 (见第16页) 的天花板上描绘了9朵云。出云大社本殿也有同样的7朵云，却被称为"八云图"，原因尚不得知。

云中包含5种颜色，较大的云朵还添加了黑色。

涂成红色的部分呈现出云中的龙。

黑云。出云大社最大的云称为"心之云"，在式年迁宫①之前会举行"心入黑云"的秘密仪式。

神魂神社 (岛根县)

布满花朵的天花板

在大崎八幡宫的石间可以看见涂漆的格子框架和贴着金箔、绘有花朵的天花板，与豪华炫目的本殿相互呼应。

大崎八幡宫 (宫城县)

天花板上绘有芍药等花朵，贴着金箔的琵琶板 (嵌在斗栱之间的板) 上也绘有植物，呈现出桃山时代的华美之感。

芍药

水墨画中的高度精神性

大崎八幡宫本殿的内阵里设有神明坐镇的房间和环绕四周的回廊，回廊上可见寓意美好的松竹画作，象征繁荣与不朽。松树代表长寿，竹子代表人丁兴旺。画师并非来自京都，而是东北地区伊达氏一派，反映出当地人有很强的祭祀神明的意识。

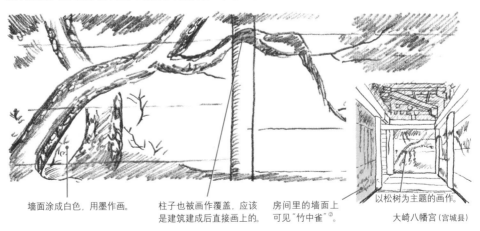

墙面涂成白色，用墨作画。

柱子也被画作覆盖，应该是建筑建成后直接画上的。

房间里的墙面上可见"竹中雀"②。

以松树为主题的画作。

大崎八幡宫 (宫城县)

①指神社每到一定年限便迁移神体、重建社殿的传统。出云大社每60年进行一次式年迁宫。②伊达氏的家纹之一。

神纹是神社的象征

上贺茂神社（京都府）

　　上贺茂神社的正式名称为贺茂别雷神社，自古以来就是朝廷和京都的守护神，深受尊崇[1]，被列入联合国教科文组织世界遗产名录，神社中的许多建筑都被指定为日本重要文化财。

　　上贺茂神社的象征是名为"二叶葵"的神纹，图案源自祭典中使用的葵。

　　这样的神纹在神社中随处可见，比如拜殿悬挂的幕布和钱箱、屋顶瓦片的前端和钉隐[2]，以及护身符和绘马等。这些神纹大多源自祭祀活动，或采用领主和社家[3]的家纹。

源自祭祀活动的高规格神纹

中门
将本殿和权殿所在的区域分割开来。

分隔空间的门帐
将神域隔开的神具"门帐"上也有神纹。上贺茂神社一般使用二叶葵的神纹，但在葵祭时也会使用象征皇家的菊纹门帐。

西局[4]（直会所）

西局的建造年代不明，但现在的社殿是1266年（文永三年）重建的。

拜殿

东局（御籍屋）

与西局同为1266年重建。

棚尾神社

神纹：二叶葵
葵纹源自祭祀活动中神官的冠上附带的葵。据说，德川家的家纹三叶葵就源于对贺茂神社的信仰。

守护门的末社
棚尾神社供奉桥石窗神和丰石窗神，守护着中门。

所在地：京都府京都市北区上贺茂本山339。　建造年代：678年。　主祭神：贺茂别雷大神。　小贴士：位于上贺茂神社二之鸟居前的"立砂"是模仿贺茂别雷命最初降临的神山堆建的。本殿和权殿为日本国宝，拜殿、舞殿、楼门等为日本重要文化财。
①上贺茂神社自古以来深受尊崇，曾在奈良时代获得朝廷资金支持。平安时代迁都时，又与松尾大社（京都府）一起获得位阶（神阶）。原因之一是上贺茂神社位于京都的东北，即鬼门的方位，始终守护着京都。②建筑上装饰的金属部件，用来遮挡钉子顶端。③指世代在特定神社担任神职的家族。④西局为"直会所"，原为祭祀活动结束后神官们聚集在一起分食供品的场所。

妙趣横生的神纹设计

神纹的主题多种多样，除了植物，还有鸟和模仿祭神特征的设计，别具一格。石灯笼和手水舍的水盘等石器，以及高栏①上的金属部件等建筑细部都会装饰上神纹，寻找起来也别有一番乐趣。

将美丽的花朵化作图案

梅纹

也称"梅钵纹"，天神菅原道真留下了"飞梅"传说，在供奉他的北野天满宫（京都府，见第66页）等神社可见。

藤纹

藤原氏的氏神春日大社（奈良县，见第104页）使用的藤原家族的家纹"垂藤"。各家的垂藤纹并不完全一样，春日大社境内各处的垂藤纹也因年代不同而有所区别。

绘马上的桐纹 + 菊纹
祭祀明治天皇和昭宪皇太后的明治神宫（见第92页）使用了菊纹和桐纹的组合神纹，两者都与皇室相关。

桐纹是皇室的替纹②，中间7朵，两侧5朵，称为"五七桐"。明治神宫则采用"五三桐"，以示避讳。

菊纹是皇室的表纹，花瓣数量为16瓣，称为"十六菊"。明治神宫则采用"十二菊"。

身为神使的鸟纹

鸟纹
熊野本宫大社（和歌山县，见第64页）神纹中的鸟也被视作神使，是熊野信仰独有的特征。据说，三只脚的八咫鸦将神武天皇从熊野引向了大和。

与祭神相关的主题

宝珠与波浪
若狭彦神社（福井县）的神纹是宝珠与波浪，纹样源自祭神火折尊（见第48页）在海宫中操控大海获得潮满珠、潮干珠的故事。

波浪表现了翻弄宝珠的大海。

钱箱上的鹤纹

鹤冈八幡宫（神奈川县，见第70页）的神纹是鹤丸纹，以展翅的仙鹤为原型，也常绘于护身符等参拜纪念品上。

吊灯的巴纹
全日本八幡宫的总本社宇佐神宫（大分县，见第106页）的神纹是左三巴，其他八幡宫也在使用。

由3个勾玉形纹样组成的三巴。八幡神是受到尊崇的武神，因此武士们非常喜欢这一图案。

①建筑外廊上的扶手。②日本的家纹一般分为"定纹（表纹）"和"替纹"，前者为主，后者可替换使用。

承担特殊功能的建筑

日光东照宫（栃木县）

德川家康死后，被人们敬为神明，以东照大权现之名供奉起来。其遗体按照遗言曾埋在久能山（静冈县），但一年后改葬至下野国日光[①]，同时修建了日光东照宫。

日光东照宫境内的建筑全部采用当时最先进的技术和建材，还配备了多种设施，包括饲养神马的神厩舍、收藏神宝和社宝的神库、表演神乐的神乐殿等。

为配合某项功能修建相应的建筑，不少神社都会这样的，在有的小神社，拜殿兼做神乐的舞台，有的则配合祭祀仪式修建了专门的设施。

供神马吃草的神厩舍

有猴子的马厩
饲养神马的厩舍按照武家的样式建造，因著名的三猿雕塑广为人知，这一设计来源于传统信仰，即马厩里的猴子有益于马的健康。

简洁的原木色
在色彩鲜艳的东照宫建筑群中，这是唯一保留木材原色的建筑。

神马之门
神马从这里出入。

三猿就在这里！
楣窗上代表"勿视、勿言、勿听"的三猿，是用猴子展现人生的雕塑群中的一组。即使在拥有无数雕塑的日光东照宫中，它们也备受瞩目。

从儿时起就要接受教育，对不好的事物勿视、勿言、勿听，这正是三猿的寓意。

神厩舍内部
神马就拴在左侧中央的空间。

远侍

N

代表武家规格的"远侍"
远侍是高规格武家马厩中铺有榻榻米的房间，意指武家的支柱——将军德川家康。

所在地：栃木县日光市山内 2301。　创建年代：1617 年。　主祭神：德川家康。　小贴士：除了日光东照宫，二荒山神社和轮王寺等也被收入世界遗产名录。
①将德川家康之墓从久能山东照宫（静冈县）迁至日光东照宫（栃木县），依据的是其遗言。遗言称："遗体收于久能山，周年忌日后在日光修建殿堂，请至日光，供为神明"。但遗言并未表明是将遗体同步迁至日光，还是留在久能山，仅在日光创建神社。

本殿、拜殿以外的建筑有何用途？

占地开阔的神社中往往建有各种设施，每栋建筑本身都有极高的价值，了解其用途也非常必要，有些建筑只在特定期间向公众开放参观。

收藏神社宝物的仓库：三神库

日光东照宫有三个神库，分别为上、中、下，合称三神库，如今保存着"百物揃千人武者行列"的武器和马具等。

百物揃千人武者行列

大祭中举行的"百物揃千人武者行列"再现了将德川家康改葬至日光时的队列行进场景。

除了身穿铠甲的武士，还有许多扮演其他职务、衣着各异的人列队缓缓前行。

上神库的妻面有著名的大象雕刻，底稿出自画家狩野探幽。

神明使用的厕所。

上神库　　中神库　西净　　下神库

建筑为形似仓库的校仓造。

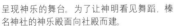

日光东照宫三神库〔栃木县〕

神乐的舞台：神乐殿

呈现神乐的舞台。为了让神明看见舞蹈，榛名神社的神乐殿面向社殿而建。

正面没有柱子，可以在毫无遮挡的情况下看到神乐。

地板的高度与社殿相同，更加便于神明观看。

榛名神社榛名神乐殿〔群马县〕

花样繁多的曲目

榛名神社的舞台上演的是榛名神社独特的神代舞，题材源于神话，男舞22曲，巫女舞14曲，共36曲。

移动时脚底轻擦地面，舞蹈中不发出任何声音。

镇守参道的灵兽狛犬

白髭神社（东京都）

　　白髭神社的本社坐落在琵琶湖畔，分社遍布日本各地，这里选取的东京都墨田区白髭神社就是其中之一，社内供奉着守护旧葛西川村的猿田彦神。面向神社站立，可以看到一对狛犬[①]，右边张嘴的是阿，左边闭嘴的是吽，都是幼犬在母犬身旁嬉戏的形象。

　　狛犬的由来可以追溯到年代久远的东方文明，日本则始于在宫中或神殿入口放置狮子和狛犬这一对灵兽的木像，它们的主要职责是驱魔[②]。雕像的材质最终由木材变为石头，并置于参道处[③]，造型根据姿势和相貌产生了多种变化。

与幼犬嬉戏的江户狛犬

与幼犬嬉戏的狛犬尤其常见于江户型狛犬。

多子犬
江户风的狛犬常有多个幼崽，还有从背后探身张望的幼犬。

按住幼犬的前爪
用前爪牢牢按住。

亲子像
母犬将两只打闹的幼犬按在爪下。

飘动的尾部
沿着身体飘动。

狛犬戏球
日本各地都有将爪子放在球上的狛犬，两只爪子都放在球上的多见于广岛到九州一带。这类具有地方特色的狛犬并不少见，比如从出云等山阴地区到北陆一带，就常见尾部（臀部）高高翘起的狛犬。

严岛神社（广岛县）

所在地：东京都墨田区东向岛 3-5-2。　创建年代：951 年。　主祭神：猿田彦大神。　小贴士：古代的神道也未必有将神明造像化后进行祭祀的习惯，而以狛犬为代表的神使之所以成为有形之物，可能是源于佛教的影响，即这些造像对应佛教中的佛像。
①日本的狛犬文化来自中国，但中国的并没有左右"阿吽"一说。②在狮子和狛犬组成"灵兽一对"的时代，面向它们，右边是张嘴的狮子"阿"，左边是闭嘴的狛犬"吽"。③迁至社殿外后，狛犬的材质变成石头，主要是为了防止朽坏、抵御风雨。

从室内移向室外，特征愈发鲜明

多数神社将狛犬设在参道处，这是从室町时代后期、江户时代初期开始的。自那时起，狛犬的外形特征日益鲜明。仔细观察狛犬全身，就会发现制作者的用心之处，格外有趣。

寺院里的江户狛犬

目黑不动尊的狛犬带有明显的江户风格，例如驼背般的姿势和流动感极强的鬃毛，以及牡丹花纹的装饰。

原本成对的吽形已经不见踪影。

鬃毛自然卷曲。

目黑不动尊是佛教寺院，但境内也有很多狛犬。这样的情况并不少见。

江户风格的容貌

刘海和眼睛的形状带有江户风。

椭圆形小眼睛。

刘海从正中分开。

隐藏锋芒的狮子鼻。

下巴上有卷曲的胡子。

缺损让人感受到岁月的流逝。

身体上的牡丹浮雕等装饰十分鲜明。

"狮子加牡丹"是传统组合。

台座下方雕有3只嬉戏的幼犬。

充满设计感的尾巴

尾巴是体现设计匠心的部位之一。

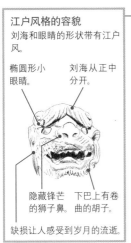

与鬃毛一样卷曲的旋涡状尾巴。

目黑不动尊（东京都）

畿内的狛犬

畿内风格的狛犬也有明显的特征，比如折耳、大眼和眉毛等。

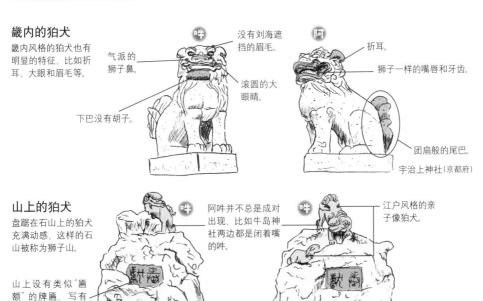

没有刘海遮挡的眉毛。

气派的狮子鼻。

滚圆的大眼睛。

下巴没有胡子。

折耳。

狮子一样的嘴唇和牙齿。

团扇般的尾巴。

宇治上神社（京都府）

山上的狛犬

盘踞在石山上的狛犬充满动感，这样的石山被称为狮子山。

山上设有类似"匾额"的牌匾，写有"奉献"二字或供奉者的名字。

阿吽并不总是成对出现，比如牛岛神社两边都是闭着嘴的吽。

江户风格的亲子像狛犬。

牛岛神社（东京都）

神使：传达神意的动物

都久夫须麻神社（滋贺县）

　　竹生岛[1]是琵琶湖中的圣地，岛上建有都久夫须麻神社（竹生岛神社）和宝严寺。历史上，这两座寺社曾是一体的，供奉市杵岛姬和弁财天[2]，体现了神佛融合的信仰。弁财天的使者是白蛇，而蛇又是竹生岛信仰的象征，境内的龙神拜所和摄社白巳社都安放着蛇的雕像。

　　与神明关系密切、负责传达神意的动物被称为神使，《日本书纪》中已有记述，后来祭神和神使的组合趋于固定，其中还有些神使被当作神来供奉，比如稻荷神的狐狸。

守护淡海[3]社殿的白蛇像

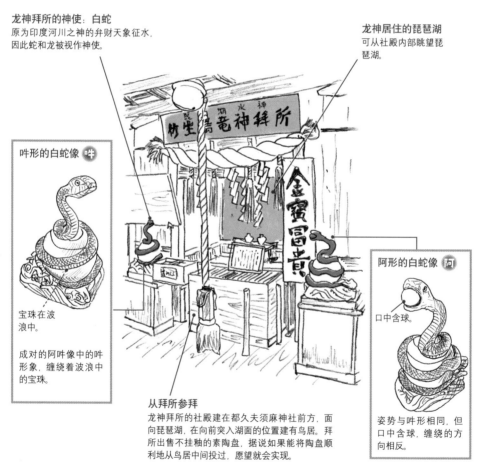

龙神拜所的神使：白蛇
原为印度河川之神的弁财天象征水，因此蛇和龙被视作神使。

龙神居住的琵琶湖
可从社殿内部眺望琵琶湖。

吽形的白蛇像 吽

宝珠在波浪中。

成对的阿吽像中的吽形象，缠绕着波浪中的宝珠。

阿形的白蛇像 阿

口中含球

姿势与吽形相同，但口中含球，缠绕的方向相反。

从拜所参拜
龙神拜所的社殿建在都久夫须麻神社前方，面向琵琶湖，在向前突入湖面的位置建有鸟居。拜所出售不挂釉的素陶盘，据说如果能将陶盘顺利地从鸟居中间投过，愿望就会实现。

所在地：滋贺县长滨市早崎町1665。　创建年代：雄略天皇在位期间。　主祭神：市杵岛比卖命、宇贺福神、浅井比卖命。　小贴士：竹生岛的宝严寺与宫岛的大愿寺（广岛县）、江岛神社（神奈川县，见第68页）齐名，为日本三大弁财天。宝严寺是其中历史最悠久的，本殿为日本国宝。
①多多美比古命在与浅井比卖命的争斗中失败，被切掉的头颅沉入湖中时，发出了"tsufutsufu"的声音，竹生岛（"竹生"的日语发音为chikubu）的名字由此而来。②弁财天原为印度教的河神，多供奉在与水相关的地方，因此历史上曾与海的女神市杵岛姬（见第39页）合祀。③又称近江，旧国名，意指淡水湖琵琶湖。

各种各样的神使：从哺乳动物到鸟、鱼和爬行动物

神使源于与神社起源相关的典故和神话传说等。稻荷神的神使多为狐狸等哺乳动物，
但也有鸟、鱼、爬虫等。此外，还有在神社境内饲养的活神使，比如春日神的鹿。

天神的使者为牛

牛在关于菅原道真的故事中不可或
缺，道真的神使就是牛。

"抚牛"一般不会成
对出现，多数情况下
只放置一头。

只要抚摸牛的像，就会身体健康，这
就是"抚牛"，身体哪里不舒服就抚摸
牛的相应部位。　北野天满宫(京都府)

大黑大人的使者为鼠

曾经与大国主神合并祭祀的大黑天
的使者是老鼠。

手持卷轴。
与其成对的
另一只老鼠
怀抱宝珠。

大丰神社末社大黑社(京都府)

住吉神的使者为兔

住吉神的神使是兔子，因为住吉神
社建于辛卯年的卯月卯日。

鸟居两侧塀上的
兔子像。

本住吉神社(兵库县)

日本武尊的使者
为狼

日本武尊将狼选作三
峰神社的神使。

从江户时代起，人
们就热烈地崇拜狼，
将其当作驱除火灾、
强盗的象征。

三峰神社(埼玉县)

日本武尊的使者
还有白鹭

源自日本武尊故事(见
第50页)中的大天鹅。

白鹭神社的白
鹭像位于翔舞
殿前。

白鹭神社(栃木县)

八幡神的使者为鸽子

八幡神(见第106页)的使者是鸽子，
据说鸽子曾为神明引路。

参拜纪念品中的
鸽笛，能吹出与
鸽鸣相似的声音。

还有成对的陶
土制鸽子。

三宅八幡宫(京都府)

大山祇神的使者为鳗鱼

三岛神社将海蛇，即鳗鱼作为神使。

用来祈祷平安顺产的绘马，3条鳗鱼
表现的是父母和孩子在一起的画面。

三岛神社(京都府)

协助武将的鲇鱼

大森宫敬奉着曾经协助当地武将的
鲇鱼。

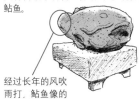

经过长年的风吹
雨打，鲇鱼像的
尾部已经缺失。

大森宫(大森神社，福冈县)

速玉男命与章鱼

福冈神社以神明前来时
乘坐的章鱼为神使。

章鱼像被供奉
在神社境内，另
外还有同样图案
的绘马。

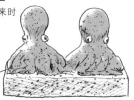

福冈神社(福冈县)

大山咋神与乌龟

开拓丹波地区时，据说大
山咋神是乘坐乌龟和鲤鱼
前来的。

"抚龟"，意思是抚摸
乌龟像便可健康长寿、
家庭和睦的。

松尾大社(京都府)

修建神社的寺社木匠之技

《春日权现验记绘》等

"缘起绘卷"是用绘画记录寺院和神社起源的作品，其中的《春日权现验记绘》是以春日神为氏神的藤原氏在镰仓时代绘制的，并供奉在春日大社（奈良县）。

绘卷中描绘了修建宅邸时的施工场面，神社的建筑工序与住宅相同。从中可以看到和现代几乎相同的工具，由此也可了解当时的木匠（番匠）技术，比如台式刨子在当时尚未出现。

利用记录修建初期模样和起源的绘卷向信众和族人传播教义，并教他们对神明心怀感激，这一点与神社的繁荣密切相关。

神社创建① 从修整神社用地到加工墙壁建材

图画右侧展现了平整神社用地的场景，中央则是加工木板、在木材上画墨线的场面。木匠们使用了锯、凿子、枪式刨子等工具。

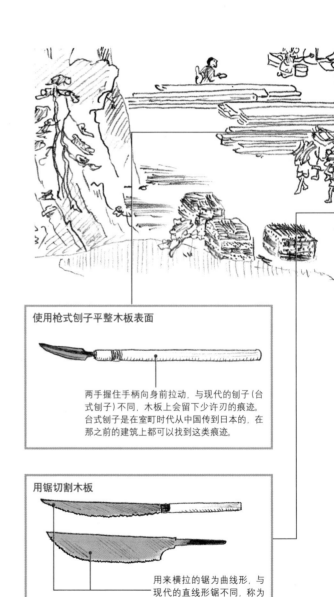

使用枪式刨子平整木板表面

两手握住手柄向身前拉动，与现代的刨子（台式刨子）不同，木板上会留下少许刃的痕迹。台式刨子是在室町时代从中国传到日本的，在那之前的建筑上都可以找到这类痕迹。

用锯切割木板

用来横拉的锯为曲线形，与现代的直线形锯不同，称为树叶锯。

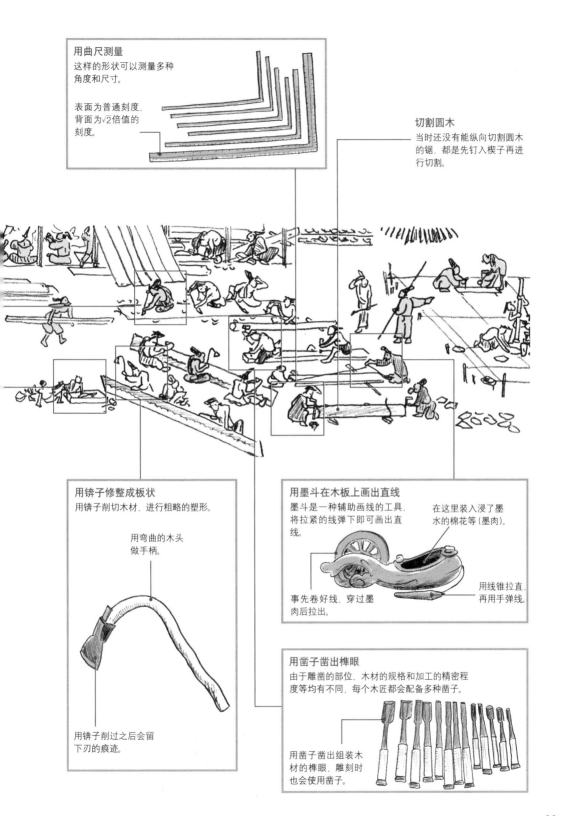

用曲尺测量
这样的形状可以测量多种角度和尺寸。

表面为普通刻度，背面为√2倍值的刻度。

切割圆木
当时还没有能纵向切割圆木的锯，都是先钉入楔子再进行切割。

用锛子修整成板状
用锛子削切木材，进行粗略的塑形。

用弯曲的木头做手柄。

用锛子削过之后会留下刃的痕迹。

用墨斗在木板上画出直线
墨斗是一种辅助画线的工具，将拉紧的线弹下即可画出直线。

在这里装入浸了墨水的棉花等（墨肉）。

事先卷好线，穿过墨肉后拉出。

用线锥拉直，再用手弹线。

用凿子凿出榫眼
由于雕凿的部位、木材的规格和加工的精密程度等均有不同，每个木匠都会配备多种凿子。

用凿子凿出组装木材的榫眼，雕刻时也会使用凿子。

神社创建② 从建筑方式到完工

通过绘卷也可了解建筑方式

《松崎天神缘起绘卷》描绘了人们将加工过的木材组装起来的场景。人们用没有刨皮的木头搭建脚手架，架上梯子实施作业。

与现代相同的建筑方式
加工过的木材由人力运输并搭建。

搭建脚手架
搭建用于施工的脚手架。

用尺杖检查
施工现场使用的尺子，按一尺间隔有刻度。

用基石做地基
在准备立柱子的位置安放基石。

放在现场的图纸
在《喜多院职人尽绘》中，可以看到工地中摆放着绘有社殿立面（侧面）的木板（板图），应该是当时正在建造的建筑侧面。

描绘建筑侧面的板图，据推测比例尺为1:10。

一边确认板图，一边用锛子加工建材。

绘卷描绘的完成图

《松崎天神缘起绘卷》中描绘了完工后的社殿。本殿前方建有楼门，币殿的屋顶一直通向那里，非常气派。整片社殿都被回廊和塀包围。

入母屋造本殿

本殿

回廊

塔

币殿

楼门

摄社 末社

第 **2** 章

神话与神社的密切关系

神社里供奉的神明各有各的性格和轶事，这些可以在《古事记》和《日本书纪》等古籍中的神话里看到。本章介绍的神社供奉的都是在神话里经常出现的神明。从淡路岛一带到山阴和九州地区，至今仍有不少神社留有神话的印记。前往那些地方，追思古代的日本，一定是个不错的选择。

国土诞生的神话
发生在何处？

自凝岛神社（兵库县）

　　淡路岛上的自凝岛神社被认为是伊奘诺尊和伊奘冉尊生出日本诸岛和诸神的地方。在日本的诞生神话中，这两位神明站在天浮桥上，用天之琼矛搅动大海，矛尖滴落的水滴凝固，形成了自凝岛①。

　　此后，他们在岛上建起八寻殿②，生出日本的国土，又生出诸神。但是在产下火神的时候，伊奘冉尊因烧伤而亡。伊奘诺尊追寻到了黄泉之国③，但伴侣已不再是过去的样子。回到世间的伊奘诺尊为了除去黄泉的污秽，进行了净身仪式，结果生出了天照大神、月读尊和素盏呜尊④（三贵子）。

从天浮桥到自凝岛

伊奘诺尊和伊奘冉尊在天浮桥上用天之琼矛搅动混沌的大地，天浮桥就位于高天原（神明居住的天界）和地面的交界处。在《日本书纪》的记载中，天之琼矛蕴藏着神性。天浮桥和自凝岛等神话中的地方究竟在哪里，自古以来就众说纷纭。

用天之琼矛（也称天沼矛）搅动大海，自凝岛随即诞生。

伊奘诺尊度过余生之地

淡路岛上的伊奘诺神宫是伊奘诺尊度过余生的幽宫遗迹，源于对陵墓的祭拜。

本殿地板下放有圣石，据说是伊奘诺尊陵墓中的石头。

图为拜殿，后方有中门、币殿和本殿，本殿为流造。现在的社殿建于明治时代。

伊奘诺神宫（兵库县）

所在地：兵库县南淡路市榎列下幡多415。　创建年代：不明。　主祭神：伊奘诺命、伊奘冉尊、菊理媛命。　小贴士：有说法认为，"国土诞生神话"源于淡路的原住民海人族的"岛屿诞生神话"。大和朝廷曾在淡路岛设置屯仓（朝廷设置在直辖地的机关），此神话于奈良时代被记入《古事记》和《日本书纪》。
①最初的大地"自凝岛"究竟位于何处，尚存诸多说法。②八寻殿指宽阔的宅邸。淡路岛南方的离岛——沼岛上有据传为其原型的岩礁"平岩"。③"黄泉"二字来自中文，原指地下的泉水。④伊奘诺尊为这三位神的诞生欣喜若狂，称他们为三贵子。

水滴落下的地方：自凝岛神社

与国土诞生相关的自凝岛神社，也是祈求美好姻缘和安产的地方，供奉着伊奘诺尊和伊奘冉尊。

延伸向深处的社殿
自凝岛神社的社殿建在据说是神话发生地的山丘上，神明造（切妻式，平入）的拜所后面依次是神乐殿和神明造的本殿。

拜所深处可见神乐殿，为切妻造、妻入。

拜殿后方的本殿
本殿与拜所相同，共有8根鲣木，千木为内削。

拜所

重要的历史舞台：天浮桥

在神社附近围有注连绳①的栅栏中，放置着被视作天浮桥的石头。

安产之神：产宫神社（御砂所）

产宫神社位于自凝岛神社旁，神社内的砂中混有盐，据传为天之琼矛滴落的盐，人们会来这里祈求安产。

跟随伊奘诺尊的足迹

在淡路岛上，像伊奘诺神宫这样与日本国土诞生神话相关的场所有很多。此外，据传伊奘诺尊净身除秽的禊池位于宫崎市内。

伊奘诺尊去除污秽的水池

禊池（宫崎县）

据传为伊奘诺尊除去黄泉国污秽的水池。自古以来，人们一直用水去除污秽。

以三贵子为代表，身为海神的少童三神和住吉三神（见第100页）都是在这次净身时诞生的。这里堪称诸神的诞生之地。

拥有禊池的江田神社
江田神社供奉着伊奘诺尊和伊奘冉尊是古代文献也有记载。现在的社殿由流造的本殿、币殿和拜殿组成。

本殿

江田神社（宫崎县）

① 象征神域的绳绳。

天照大神与素盏呜尊的誓约

英彦山神宫（福冈县）

　　伫立在九州北部山中的英彦山神宫是修验道①的一大道场。"日子"一名②源于这里供奉着象征太阳的天照大神③之子天忍穗耳尊。

　　天忍穗耳尊诞生于天照大神和素盏呜尊这对姐弟间的"誓约"。姐姐将弟弟的来访误认为是袭击，为了证明弟弟素盏呜尊的清白，姐姐通过占卜确认正邪。姐弟俩交换各自的物品（宝珠和剑）并嚼碎，随后由天照大神吹出的气息中诞生了宗像三女神④，由素盏呜尊的气息中诞生了天忍穗耳尊等5位男神。

从天照大神的宝珠中诞生的日之子

山顶上的本殿
英彦山神宫的本社（上宫）位于英彦山中岳山顶，建有本殿和拜殿，均为入母屋造，据传为天忍穗耳尊降临之地。

神山英彦山
上宫所在的中岳海拔1188.2米。英彦山由中岳、北岳（1192米）和南岳（1199.6米）共3座山峰组成，山中有多个修验道的修行场所。

神佛融合的余韵
英彦山神宫的奉币殿，神佛融合时期的样貌一直保留至今。这里曾是英彦山的中心寺院灵仙寺的大讲堂，是修验道的修行场。

入母屋造屋顶，原为寺院的大讲堂，因此外形与佛教建筑相同。

因誓约诞生的5位男神
埼玉县的鹭宫神社供奉着天穗日命，是素盏呜尊嚼碎天照大神的宝珠后吹气生出的5位神明之一。

拜殿　　　　本殿

在神乐殿表演的鹭宫催马乐神乐被认为是关东神乐的起源。

鹭宫神社（埼玉县）

所在地：福冈县田川郡添田町英彦山1。　创建年代：531年。　主祭神：正胜吾胜胜速日天之忍穗耳命。　小贴士："英彦山"一名过去写作"彦山"。1729年（享保十四年），当时的灵元天皇认为此地是"天下出类拔萃之灵山"，授予"英"字。奉币殿和神域入口的铜鸟居均为日本重要文化财。
①日本独有的宗教信仰，将日本原有的山岳信仰与佛教融合，信徒在山中艰苦修行，以获觉悟。②神宫名字中的"英彦"，日语发音为hiko，与"日子"同音。③天照大神是皇室氏神，被供奉于伊势神宫（见第108页）等地。④日本各地都有祭祀宗像三女神的神社，如严岛神社（广岛县）、江岛神社（神奈川县，见第68页）等。日本各宗像神社的总本宫是九州宗像大社的边津宫、中津宫和冲津宫。

诞生于天照大神气息的宗像三女神降临之地

天照大神嚼碎素盏呜尊的剑后吹出的气息生出了宗像三女神，她们降临的宗像大社（福冈县，见第116页）高宫祭场是日本极其罕见的古老祭场，这里每年秋天都会举行祭祀宗像三女神的神奈备祭。

灵圣之地：高宫祭场

高宫位于社殿后方地势稍高的地方，是不设社殿的古老祭场，有说法认为宗像三妇女神最初就降临在这里。

祭场上没有社殿，祭祀时要将神明请至神篱中举行仪式。
高宫祭场（福冈县）

高宫祭场的祭祀：神奈备祭

高宫神奈备祭中的"悠久之舞"通过神乐来展现镰仓时代的僧人东岩慧安的歌，为祭典顺利举行向宗像三女神表示感谢。

傍晚6点夜幕即将降临时祭祀开始，周围都沉浸在玄幻的氛围中。

因誓约诞生的神明

素盏呜尊的剑→天照大神的气息	
田心姬	宗像三女神
湍津姬	
市杵岛姬	

3位女神合称"宗像三女神"。在《日本书纪》中，天照大神让她们在道中（玄界滩）降临守护天孙，并接受天孙的祭拜。宗像三女神能保佑海上安全和交通安全也源于此。

天照大神的宝珠→素盏呜尊的气息
天忍穗耳尊
天穗日命
天津彦根命
活津彦根命
熊野橡樟日命

5位男神中第一个诞生的天忍穗耳尊是琼琼杵尊的父亲，而第二个诞生的天穗日命在琼琼杵尊之前就受命平定地上世界，但臣服于大国主神（素盏呜尊之子，见第44页），未能完成任务，3年间没有传回任何信息。

嚼碎素盏呜尊的剑之后吹出气息。

宗像三女神

从气息中诞生的女神。

天照大神

天安河

素盏呜尊

手中握着天照大神的宝珠。

表明素盏呜尊清白的誓约

在《古事记》和《日本书纪》中，素盏呜尊的剑生出了婀娜的女神，因此是素盏呜尊获胜。但也有不同的说法，认为生出男神的一方获胜，甚至认为双方根本就没有交换物品。

天照大神藏身天岩户

天岩户神社（宫崎县）

  传说天照大神曾藏身于天岩户中，天岩户神社就源于此，其西本宫没有本殿，洞窟（天岩户）就是神体。

  天照大神之所以会藏进这个洞窟，是因为素盏呜尊大闹高天原[①]。太阳神天照大神藏起来后，世界被黑暗包围，但无论别人做什么，怒不可遏的天照大神都坚决不出洞窟，于是众神在天安河原思考对策。艺能女神天钿女命散开衣服跳舞，众神开心地大笑，听到笑声的天照大神微微打开了天岩户，手力雄神立刻抓住她的手把她拉出来，世界再次变得光明[②]。

藏身天岩户

为了让天照大神走出天岩户，智慧之神思兼神让鸡聚在一起鸣叫，天儿屋命和太玉命在杨桐树上挂上宝珠、镜子和蓝白布帛进行祈祷，天钿女命跳起精彩的舞蹈，手力雄神等在岩户旁边寻找机会。有说法认为，这个故事表现了日食或冬至等现象。

手力雄神扣住了天岩户上的微小缝隙，打开后将天照大神拽了出来。

天照大神很好奇诸神为何如此快乐，想要一探究竟。

手力雄神

天照大神

让鸡像报晓一样鸣叫。

天钿女命

看到舞蹈喜形于色的诸神。

天钿女命在倒扣的桶上散开衣服跳舞。

伊势神宫的天岩户为古坟

位于伊势神宫的外宫中，直到江户时代一直被当作天岩户参拜，据推测是6世纪中叶修建的圆坟（高仓山古坟），曾经被盗，在第二次世界大战后的考古发掘中出土了玉、铁刀、陶器等。

横穴式的石室曾被看作天岩户。　　　高仓山古坟（三重县）

所在地：宫崎县西臼杵郡高千穗町大字岩户 1073-1。　创建年代：不明。　主祭神：天照大神。　小贴士：天岩户神社东本宫没有神职人员常驻，参拜者也没有西本宫那么多，但是那里有很多与藏身天岩户的神话相关的东西，比如招灵之树，天钿女命曾将树枝拿在手中跳舞，还有树龄据说超过600年的七本杉。

[①]天照大神治理的天界。[②]《古事记》和《日本书纪》有很多不同之处，《日本书纪》中还记载了多个异传。

神话之地：天岩户神社

只有拜殿，没有本殿
在西本宫，可以从拜殿和遥拜殿参拜神体天岩户。修建东本宫是为了安抚走出天岩户的天照大神。

天岩户面向河流
西本宫拜殿后方的河对面就是天岩户，遥拜殿位于拜殿与河之间。

拜殿为切妻造、平入。

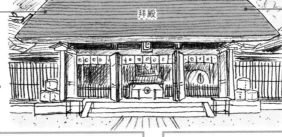

拜殿

神明聚集的天安河原
天安河原位于天岩户上游不远处的河滩上，据传诸神曾聚在此处商量如何让天照大神重新现身。

河滩中央的洞窟"仰慕窟"里坐落着天安河原宫，供奉着以思兼神为主神的八百万神。

在天岩户前跳舞的天钿女命
西本宫的神乐殿上演绎传下来的岩户神乐。这一著名的高千穗夜神乐在各个村落也能看到。

手拿扇子和铃，有时也拿御币[1]

岩户前的天钿女命之舞

各地与"藏身天岩户"有关的神社和洞窟

溪谷天岩户
福知山市的天岩户神社把岩户溪谷视为天岩户，将形态优美的岩户山供为神体山。

为登山的参拜者架设的锁链，这样的锁链在修验道的山中也很常见。

社殿为悬造，即将柱子和横木根据地形组合搭建而成。

天岩户神社（京都府）

涌水的天岩户

位于志摩市，据传为天岩户的洞窟，因涌出甘泉而闻名。

惠利原的水洞（三重县）

[1]神道祭祀用的一种币帛，将两串剪裁折叠好的纸垂挂在竹制或木制币串两侧。

大国主神救助的白兔

白兔神社（鸟取县）

　　被放逐出高天原的素盏呜尊降至出云，大展身手。位于鸟取市的白兔神社供奉着"因幡的白兔"①，相传它曾得到素盏呜尊的后代大国主神②救助。在这座神社周边，至今仍流传着许多有关神话发生地的传说。

　　在神话中，兔子想让鲨鱼（一说为鳄鱼）帮助它渡海，于是欺骗鲨鱼，结果被鲨鱼剥掉了皮。痛苦不堪的兔子得到了大国主神的帮助，大国主神当时正在前去向因幡的公主八上比卖求婚的途中。白兔为了报恩，预言八上比卖将选大国主神为夫婿。

　　后来预言应验，大国主神与八上比卖结合，开辟苇原中国③，成为治理大地之神。

预言大国主神未来的兔子

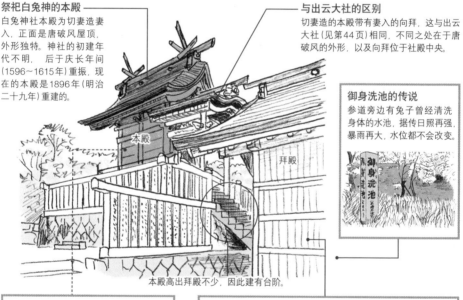

祭祀白兔神的本殿
白兔神社本殿为切妻造妻入，正面是唐破风屋顶，外形独特。神社的初建年代不明，后于庆长年间（1596～1615年）重振，现在的本殿是1896年（明治二十九年）重建的。

与出云大社的区别
切妻造的本殿带有妻入的向拜，这与出云大社（见第44页）相同，不同之处在于唐破风的外形，以及向拜位于社殿中央。

本殿

拜殿

御身洗池的传说
参道旁边有兔子曾经清洗身体的水池，据传日照再强，暴雨再大，水位都不会改变。

本殿高出拜殿不少，因此建有台阶。

菊座石
白兔神社本殿柱子的石头上可见菊花的纹样。

本殿的柱子

支撑外廊的缘束

雕有28瓣菊纹的罕见柱石，有说法认为据此可以推测神社与皇室有某种关系。

带有向拜的拜殿
拜殿是切妻造，前方的向拜和背面的币殿也采用了同样的样式。

向拜位于拜殿中央，与出云大社不同，但形式相似。

向拜处挂着巨大的注连绳。

所在地：鸟取县鸟取市白兔603。　创建年代：不明。　主祭神：白兔神。　小贴士：白兔神社位于名为身干山的小丘上，据传此地为白兔裹着宽叶香蒲恢复身体的地方，地名也由此而来。

①只有《古事记》记录了"因幡的白兔"这个故事。②素盏呜尊的女儿须势理毘卖命是大国主神的正妻，因此素盏呜尊也是大国主神的岳父。关于素盏呜尊与大国主神的关系有多种说法，如后者是前者的儿子、六世孙等。③日本神话中的大地，位于高天原和黄泉国之间的地上之国。

"因幡的白兔"登场之地

兔子之所以欺骗鲨鱼，是想从淤岐岛渡海。鸟取县有多座岛屿都被认为是传说中的
淤岐岛，而因幡（鸟取县东部）的中心区域八头町则有多座白兔神社。

在白兔海岸可见的淤岐岛

关于白兔究竟在哪座岛，目前有多个说
法，其中之一就是正对白兔海岸的小岛。

拥有兔子雕像的白兔神社

福本的白兔神社已
经与其他神社合祀，
如今只剩下鸟居和
祠堂。

祠

八头町福本的白
兔神社（鸟取县）

兔子与波浪

原有的社殿已被移至八头町的
青龙寺，旧本殿中的兔子雕像
也可在那里看到，即雕在蟆股
上的"兔与波"。据说这一组合
来自谣曲[①]《竹生岛》。

刻在灯笼上的白兔神社

建在慈住寺境内，社殿位于覆屋中，灯
笼上刻着白兔神社的名字。

覆屋为切妻造、妻入，前方
附有切妻造的庇。

八头町土师百井的白兔神社（鸟取县）

白兔的遭遇

住在淤岐岛的白兔想要渡海前
往因幡，它骗海里的鲨鱼排成
一长排，要数一数是鲨鱼的同
族多还是兔子的同族多。兔子
趁机踩在鲨鱼背上，一边假装
数数一边渡海，眼看要上岸了，
白兔得意忘形，对它们说："你
们上当了！"结果被最后一条
鲨鱼抓住剥去了毛皮。大国主
神的兄弟们（八十神）假意给它
治疗的方法，却令它加倍痛苦。
后来大国主神让白兔用淡水清
洗身体并涂抹香蒲花粉，白兔
终于得以复原。

白兔想利用鲨鱼渡海
抵达"气多岬"。

兄弟们让他背负
行李。

鲨鱼

遭鲨鱼报复，
皮被剥掉。

白兔

大国主神

①指能剧中的词章，相当于戏剧中的脚本。

大国主神让国的神话

出云大社（岛根县）

　　每年 10 月，遍布日本各地的八百万神明会聚集到出云大社。出云大社的本殿曾高达 96 米（现在约 24 米）。如今的社殿保留了古时的建筑样式。

　　出云大社曾经出现在让国的神话中。相传诸神认为，苇原中国应由天照大神的子孙统治，希望大国主神让国。大国主神表示，只要儿子事代主神和建御名方神同意，他就献出国土[①]。结果儿子们认可了让国一事，苇原中国归于天照大神的孙子琼琼杵尊[②]治下。出云大社[③]就是当时作为交换条件为大国主神建的宫殿。

让国的条件为建造出云大社

被迫让国的大国主神让使者求两个儿子的意见。正出海垂钓的事代主神认为应该接受，随后隐入青柴垣中。表示反对的建御名方神向天照大神的使者武瓮槌神提出挑战，与之比试力气，结果失败。就这样，苇原中国被献出，出云大社是作为回报修建的[④]。

出云大社的社传中约96米高的本殿，切妻造，妻入。

从本殿伸出的引桥（台阶）。

巨大的宇豆柱[⑤]。

神话中的让国之地

天照大神的使者武瓮槌神和经津主神降临，要求大国主神让国。出云大社周围留下了多处与神话有关的地方。

武瓮槌神降临的稻佐滨（①）

让出国土、拉来国土的神话发生地，位于出云大社以西。

弁天岛原来位于距海岸很远的位置，但如今就在海滩上。岛上建有鸟居，祭祀海神的女儿丰玉姬，在神佛分离之前还曾祭祀弁财天。

稻佐滨（岛根县）

所在地：岛根县出云市大社町杵筑东 195。　创建年代：神话时期。　主祭神：大国主大神。　小贴士：若 1 丈为 3 米，则古代出云大社的社殿高度将近 100 米（32 丈）。如今的本殿初建于 1744 年（延享元年），高 24 米，现今仍是日本最高大的，被指定为日本国宝。
①《日本书纪》中只有事代主神登场，建御名方神并未出现。②因誓约（见第 38 页）诞生的天忍穗耳命的儿子，天照大神的孙子。
③ "让国" 是出云大社的创建神话，也被看作表现出云与大和关系的故事。④大国主神要求建造巨大宫殿的故事来源于《古事记》。
⑤位于妻侧正下方略靠外，上端与大梁相接。

出云大社：祭祀让国的大国主神

大社造的本殿

切妻造，妻入，平面为边长约10.9米的正方形，从地面到千木高约24米，规模巨大，据传历史上更加雄伟。

共有15级"阶"通向本殿，上方是切妻造屋顶。

在环绕本殿的瑞垣外，巨大的拜殿就建在八足门前。

瑞垣内侧还有一圈玉垣。

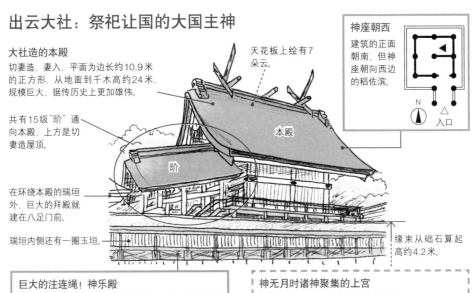

天花板上绘有7朵云。

本殿

阶

缘束从础石算起高约4.2米。

神座朝西

建筑的正面朝南，但神座朝向西边的稻佐滨。

N
△ 入口

巨大的注连绳！神乐殿

神乐殿的注连绳长13.5米、重达4.4吨，比拜殿的注连绳（长6.5米，重1吨）更大。

出云大社的注连绳从左侧编起，与其他神社相反，这是因为一般神社都以面对社殿时的右侧为上位，而出云大社按照传统以左侧为上位。

神无月时诸神聚集的上宫

传说每年10月，神明会聚集在出云大社境外的摄社。

本殿为切妻造、平入，屋顶带有弧度。

拜殿为切妻造，妻入。

本殿　拜殿

神在月期间聚集在此的诸神会进行"神议"，谈论农业等产业以及男女姻缘。

日本海
松江
岛根县
境港 ③
米子
② ①
出云大社

交涉之地：屏风岩（②）

据传这里就是神使与大国主神进行让国交涉的地方。位于稻佐滨畔。

屏风岩（岛根县）

美保关的事代主神（③）

美保关是位于稻佐滨向东约70公里的一处海角，那里的美保神社（见第88页）供奉着谏言希望和平让国的事代主神。

诸手船祭典

美保神社举行的一项源于让国神话的祭典活动。诸手船是用整棵的粗壮樟树雕凿而成的，展现了古代的造船工艺。

美保神社（岛根县）

大棹是船的掌舵者，也是大国主神的使者。

天孙降临

高千穗神社（宫崎县）

　　天孙降临是关于高天原[①]的诸神降临到苇原中国[②]的故事，位于宫崎县高千穗町的高千穗神社就与这段神话有关。

　　天孙降临的主角是天照大神的孙子琼琼杵尊。天照大神原本想让儿子天忍穗耳尊（见第38页）治理苇原中国，后来遵从儿子的谏言，让天儿屋命和天钿女命等人[③]跟随孙子琼琼杵尊前往地上世界。

　　当时担任向导的是国津神[④]猿田彦神。在他的引导下，琼琼杵尊在高千穗建起了壮丽的宫殿。

有神明降临的山中圣地

祭祀天孙
高千穗神社的所在地以前曾建有高千穗宫，祭祀高千穗皇神和当地传说中的三毛入野命等神明。高千穗皇神是对以琼琼杵尊为代表的日向三代神明及其妻子的总称。

本殿侧面也值得注意
外廊上设有像屏风一样的隔板（胁障子），上面有生动的雕刻，主题是祭神之一的三毛入野命驱散当地恶鬼的传说。

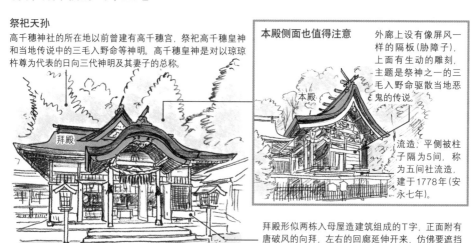

拜殿

本殿

流造：平侧被柱子隔为5间，称为五间社流造，建于1778年（安永七年）。

拜殿形似两栋入母屋造建筑组成的T字，正面附有唐破风的向拜，左右的回廊延伸开来，仿佛要遮挡本殿。

琼琼杵尊

天忍日命　　天津久米命

三种神器
指天照大神授予琼琼杵尊的八咫镜、八坂琼勾玉和草薙剑，后来作为皇位象征，由天皇家代代相传。

携带武器的神
天忍日命和天津久米命手持武器走在前方，天儿屋命跟在后面。猿田彦神是从半途开始引路的。

与现世相关的神话
天照大神授予琼琼杵尊三种神器，一行人在猿田彦神的引导下降至苇原中国。同行的诸神被视为各氏族的祖先，也可以说体现了豪族间的关系，反映了当时的社会现实。此外，这一场景还显示出皇家是天照大神的后裔，由神明委以统治任务。在《日本书纪》的原文中，琼琼杵尊是独自降到地上的。

所在地：宫崎县西臼杵郡高千穗町大字三田井字神殿1037。　　创建年代：不明。　　主祭神：高千穗皇神、十社大明神。　　小贴士：高千穗神社在平安时代的史书《三代实录》中也有记载，历史悠久，创建年代不明，但据传是在约1900年前垂仁天皇在位期间。神社本殿和一对铁狛犬被列为日本重要文化财。

①一般认为高天原是指诸神居住的天界，但也有说法认为是指地上。②据传神话从高天原降至地上世界的具体地点为"日向的高千穗"，但具体位置众说纷纭。③在天照大神的授命下，许多神明都跟随琼琼杵尊降至地上世界。④与天上的神"天津神"相对，地上（在当地居住）的神被称为"国津神"。

神明降临在何处？

关于琼琼杵尊等神明降临地上世界的位置，有各种传说，最常出现的有宫崎县高千穗町和雾岛连峰中的高千穗峰（位于宫崎县和鹿儿岛县交界）等。

高千穗町的槵触神社

槵触神社所在的槵触山被视作天孙降临之地，受到人们崇拜。神社供奉着琼琼杵尊等4位神明。

境内的遥拜所据传为降临在苇原中国的诸神遥拜高天原的地方。

古代的人们曾把槵触山奉为神体山。神社本殿为流造，建于江户时代。

槵触神社（宫崎县）

高千穗峰山顶

据传琼琼杵尊就降临在此山顶上。

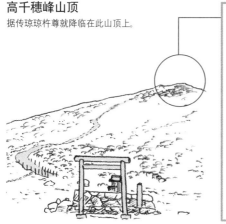

山顶上的天逆鉾

它既是国土诞生之矛（天之琼矛，见第36页），也是天孙琼琼杵尊之矛。山顶属于雾岛东神社的飞地，天逆鉾为神社的社宝。

原物的手柄部分埋在地下。

露出地面的部分在雾岛的火山喷发中折断，现在的是复制品。

目前尚不知道天逆鉾是何时出现的，有说法认为是隐居修行的修验者铸造的，约300年前的文字记录中有关于天逆鉾的描述。

坐镇高千穗峰的雾岛神宫

原本位于高千穗峰，后因火山喷发迁至现地，主祭神为琼琼杵尊。

敕使殿、拜殿、币殿、本殿在斜坡上纵向排列，社殿建筑色彩艳丽，有大量精美的雕刻。

本殿为入母屋造，与拜殿之间建有币殿。

敕使殿为入母屋造，通过向上爬升的走廊与拜殿相连。

境内的门守神社为流造。

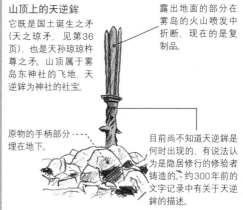

雾岛神社（鹿儿岛县）

山幸彦和海幸彦的故事

和多都美神社（长崎县）

　　据说，对马市的和多都美神社是琼琼杵尊（见第46页）的儿子火折尊（山幸彦）和丰玉姬这对夫妇神相遇的"海宫"旧址。无论是矗立在海边的鸟居，还是涨潮时漫入海水的整个神社，都与海宫之名非常契合。

　　夫妇神的相遇始于火折尊与哥哥火阑降命（海幸彦）交换宝物。火折尊弄丢了哥哥的钓钩后前往海宫，受到热情款待。3年后，火折尊返回故乡时，海神的女儿丰玉姬将丢失的钓钩和两颗可以自由控制海潮的珍珠交给他，还帮助他制服了哥哥[①]。火折尊和丰玉姬的孙子后来成了神武天皇。

寻找哥哥的钓钩时来到海宫

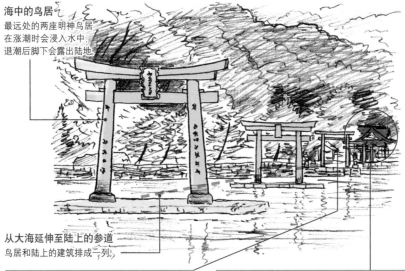

海中的鸟居
最远处的两座明神鸟居
在涨潮时会浸入水中，
退潮后脚下会露出陆地。

从大海延伸至陆上的参道
鸟居和陆上的建筑排成一列。

罕见的三柱鸟居
三柱鸟居由三个鸟居组成，中心有一块奇岩，名为"矶良惠比须"。

矶良惠比须是一块鳞状石头，据传为海神安昙矶良的坟墓，被称为古神体。

面向大海的社殿
和多都美神社让人联想到海神的宫殿，这里供奉着火折尊和丰玉姬这对夫妇神。

拜殿

农历8月1日会上演敬神的　　　拜殿为妻入，是一座纵
命之舞，命妇指对马地　　　深达7间的建筑。内部
区的巫女和神乐师。　　　的本殿属于神明造。

所在地：长崎县对马市丰玉町仁位和宫55。　创建年代：不明。　主祭神：火折尊、丰玉姬。　小贴士：和多都美神社曾被称为"渡海宫"，一般认为该名源于海幸彦、山幸彦的神话和涨潮时浸入海中的神域和鸟居。1872年（明治五年）改称大岛神社，两年后改为现在的"和多都美神社"。

　①臣服于弟弟的火阑降命被认为是古代居住在南九州的隼人族的祖先。

夫妇神与兄弟神之后的故事

除了海宫，对马地区还保留了夫妇神相遇、生育、离世等许多与神话相关的场所。

相遇的水井：玉之井

据传为丰玉姬和火折尊相遇的地方。

从和多都美神社向西，沿海边前行即可抵达。　玉之井（长崎县）

海宫深处的墓地

据说，位于和多都美神社深处的坟墓就属于丰玉姬。

古时墓地与后方的岩石同为祭祀时的神座。

丰玉姬坟墓（长崎县）

海边的产房

本殿为流造。　　拜殿为入母屋造。

鸭居濑住吉神社的所在地据传为丰玉姬产子之地。①

鸭居濑住吉神社（长崎县）

鸭居濑是火折尊寻找钓钩时最初到达的地方。

面海而建的鸟居

鸟居建在延伸至大海的参道前。台阶向下通向海中。

供奉哥哥的神社距离遥远

拜殿　　覆屋

本殿为流造，建在覆屋中。

拜殿用椎木建成。　　潮岳神社（宫崎县）

宫崎县的潮岳神社以火折尊的哥哥火阑降命（海幸彦）为主祭神，这在日本很少见。据传火阑降命乘坐着坚固的磐船飞来，潮岳神社也是掩埋磐船的地方。

有说法认为是侍女将在井边见到火折尊一事告诉了丰玉姬，也有说法认为丰玉姬是亲自来打水的。②

火折尊

玉之井

丰玉姬

夫妇、兄弟的后续故事

火折尊为了寻找钓钩而拜访海神宫殿，在水井处遇到了丰玉姬，两人结婚并生下鸬鹚草葺不合尊，即初代天皇——神武天皇的父亲。生下孩子后，丰玉姬回到了海神身旁。

这段神话还表现了朝廷的礼制，具体来说就是神话中的部分情节与天皇即位时举行的祭祀仪式"大尝祭"一致。拜访另一世界后娶妻获宝，继而打败对立者继承王位，这样的故事正是新王诞生的仪式。

①也有说法认为，火折尊的妻子丰玉姬的产房位于鹈户神宫（见第61页）的所在地。②《日本书纪》记载了火折尊与丰玉姬在水井旁边相遇的故事，而在《古事记》中则是丰玉姬的侍女发现的火折尊。

平定四方的日本武尊

大鸟神社（大阪府）

大鸟神社将大鸟造这种古老的社殿形式传至今日，据说这里是日本武尊①死后变成天鹅飞去的地方。

日本武尊16岁时讨伐九州，通过男扮女装潜入宴会，成功击败熊袭②的首领，平定了当地。随后他又前往东部，平定了凶神（不服天皇支配的神）和反抗的虾夷③。途中，他在伊势神宫（见第108页）从姐姐倭姬命手中得到了草薙剑（三种神器之一，见第46页）。日本武尊从未有过败绩，最后却遭遇伊吹山的神明降下的冰雹，最终离世。日本武尊被埋葬后，变成了天鹅，最终飞上天界。

变成天鹅的日本武尊

日本武尊的故事被看作大和朝廷征服各地的过程。他在东征归来的途中，遭遇伊吹山的神明降下的冰雹受伤，奄奄一息，最终在即将到达大和的伊势能褒野时离世并下葬，灵魂化作天鹅，飞向西边。

据《古事记》记载，日本武尊的后妃和孩子们从大和前来为他修建的陵墓。

日本武尊的灵魂化作巨大的天鹅飞走。

明治时代，人们推测三重县龟山市的熊褒野王冢古坟就是日本武尊的陵墓。

统治各地的日本武尊

日本许多地方都有与奔走四方平定天下的日本武尊相关的神社，比如与三种神器之一的草薙剑相关的草薙神社（静冈县）和供奉日本武尊的妻子弟橘媛的走水神社（神奈川县）等。

久佐奈岐神社

走水神社

伊吹山 ▲ 热田

大和

草薙神社

伊势神宫

大鸟神社

热田神宫（爱知县）供奉着草薙剑（见第90页）。

熊袭洞

所在地：大阪府堺市西区凤北町1-1-2。　创建年代：不明。　主祭神：日本武尊、大鸟连祖神。　小贴士：社传中说，天鹅飞去之地即大鸟神社，《日本书纪》和《古事记》对此没有详细记载，但都写到了日本武尊前往河内国（现大阪府东南部）的故事。

①日本武尊为第12代天皇景行天皇之子。②古代南九州的原住民，据说十分骁勇善战。③虾夷指本州东部和北海道等地的原住民。

祭祀化身为鸟的日本武尊

大鸟信仰的总本社

以大鸟神社为代表、崇尚大鸟信仰的神社均建在与日本武尊东征相关的地方。很多大鸟神社会在每年11月的酉日[①]举行例祭"酉市"，这也是大鸟信仰的特征之一。

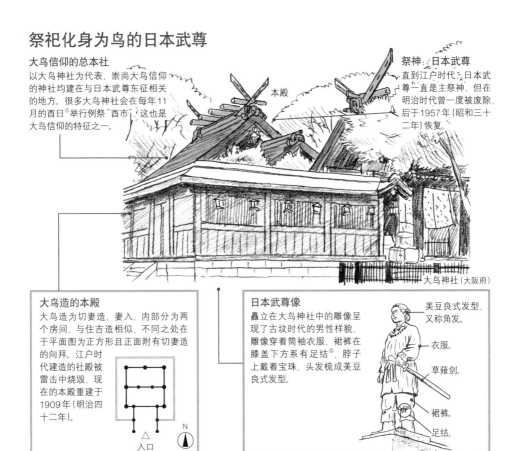

本殿

祭神：日本武尊

直到江户时代，日本武尊一直是主祭神，但在明治时代曾一度被废除，后于1957年(昭和三十二年)恢复。

大鸟神社(大阪府)

大鸟造的本殿

大鸟造为切妻造，妻入，内部分为两个房间，与住吉造相似，不同之处在于平面图为正方形且正面附有切妻造的向拜。江户时代建造的社殿被雷击中烧毁，现在的本殿重建于1909年(明治四十二年)。

入口　N

日本武尊像

矗立在大鸟神社中的雕像呈现了古坟时代的男性样貌，雕像穿着筒袖衣服，裙裤在膝盖下方系有足结[②]，脖子上戴着宝珠，头发梳成美豆良式发型。

美豆良式发型，又称角发。

衣服。

草薙剑。

裙裤。

足结。

祭祀日本武尊的久佐奈岐神社

草薙神社

据说，景行天皇曾前往与儿子日本武尊相关之地，由此创建了草薙神社，将草薙剑奉为神体，后下令将其移至热田神宫。

本殿为流造，前方建有入母屋造的拜殿。

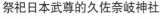

草薙神社(静冈县)

久佐奈岐神社

据传由在日本武尊东征中担任副将军的吉备武彦创建。

本殿为流造，建在稍高的地方，下方建有不带门窗和墙壁的开放式切妻造拜殿。

久佐奈岐神社(静冈县)

平定熊袭的证明

熊袭洞据说是日本武尊杀死九州当地勇猛的熊袭一族首领(熊袭建[③])的地方。日本武尊曾身着女装潜入宴会中。

唐破风鸟居。

熊袭洞(鹿儿岛县)

后妃现身之地

弟橘媛是日本武尊之后，同时也是走水神社的祭神。从此地渡海前往上总(今千叶县)时，为了让因海神之怒而汹涌翻滚的大海平静下来，她跳入了海中。

拜殿为入母屋造，后方的覆屋中可见流造的本殿。据说当地村民将日本武尊的帽子放入石柜埋在地下，建起了社殿。

走水神社(神奈川县)

---

①就像用十二生肖表示年份的干支一样，日期也有对应的生肖，每12天就有一次酉日，11月酉日举行的例祭为酉市。②日本古坟时代男子服装中系在膝盖下方裙裤上的绳子。③《日本书纪》记为川上枭帅。

神社合祀的意思是说，神社中祭祀的一些神明原本供奉于其他神社，后来迁移过来合并祭祀，合祀的理由多种多样。明治时代的政府和地方官厅大力推动神社合祀。当时的合祀以维持神社为目标，合并、废除经营困难的神社，实现一町村一社，许多神社因此被迫废社。

反对神社合祀的人很多，其中包括生物学者、民俗学者南方熊楠。他积极组织反对运动，强烈批判合祀："神社合祀断绝了已经扎根当地的信仰和文化，破坏了'守护林'的自然环境。"南方熊楠对保护和歌山县田边湾神岛尤其热心，避免了合祀可能带来的破坏，拯救了拥有古老信仰和珍贵自然环境的神岛。这一反对运动开了生态学活动的先声，得到高度评价。

熊野古道上的8棵巨树
据说熊野古道(见第64页)上曾有40棵巨树——"野中一方杉"，但在神社合祀中被大量砍伐，现在只剩8棵，且都是依靠南方熊楠等人的努力才保存下来的。

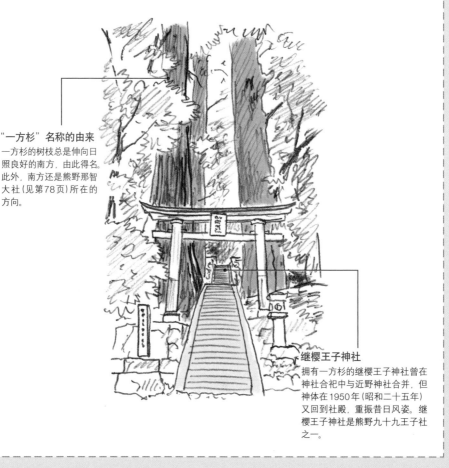

"一方杉"名称的由来
一方杉的树枝总是伸向日照良好的南方，由此得名。此外，南方还是熊野那智大社(见第78页)所在的方向。

继樱王子神社
拥有一方杉的继樱王子神社曾在神社合祀中与近野神社合并，但神体在1950年(昭和二十五年)又回到社殿，重振昔日风姿。继樱王子神社是熊野九十九王子社之一。

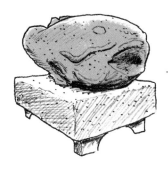

第 **3** 章

追溯神社的历史

　　日本人对八百万神明的信仰是从自然崇拜开始的。随着佛教的传入和普及，神与佛（神社与寺院）的关系逐渐发生变化。神成了佛教的守护神，曾与佛融为一体，后又分离。神社的地位随着时间推移而变化，境内布局和建筑形态也受其影响而不断改变。

追溯神与神社的起源

大神神社（奈良县）

　　祭祀大物主神的大神神社没有本殿，神体就是神社后方的三轮山。从拜殿深处的三鸟居（三轮鸟居）再向前就是禁地[①]。

　　大神神社保留了神社的古老形态，日本其他地方也有祭祀巨石等自然物体、天体和自然现象之神的神社。原始的神社并没有共通的信仰形态，信仰基于万物有灵论和自然崇拜，形式多样。在这样的古老信仰中，每次举行祭典，人们都会建造临时的祭坛呼唤神明，祭典结束后再将神明送回。

体现古老信仰形态的"无本殿"大神神社

三轮山为神体
如今仍可看到三轮山漂亮的山脊。不难想象古人从三轮山美丽的外形中感受到了神圣性，神明正是从这样的感受中诞生，信仰也由此孕育。

横跨车道的大鸟居
铁制明神鸟居（见第14页）高约32米，紧邻一之鸟居，前方远处是二之鸟居、拜殿和三鸟居，通过三鸟居便可参拜神体山。

神明坐镇之山
坐镇三轮山的是祭神大物主神。

三轮山

所在地：奈良县樱井市三轮1422。　创建年代：不明。　主祭神：大物主大神。　小贴士：每年6月，这里都会举行"钻茅环"（将白茅扎起做成巨大的环并穿过，祈祷无病无灾）的仪式。多数神社的茅环只有一个，但大神神社会设置3个并列的茅环。神社中的拜殿和三鸟居都是日本重要文化财。
①社殿右侧设有登山参拜的入口，可以沿通向山顶的道路登山（需到社务所申请）。禁止离开登山道进入三轮山上的其他区域。

矗立远方的三轮山是神居之处

矗立在鸟居另一侧的三轮山是大神神社的神体，本殿周围是禁地、不能入内。与今天一样，历史上也曾禁止攀登三轮山。

通过拜殿参拜

在没有本殿的大神神社，拜殿是展示神社形态的重要建筑。

切妻造的拜殿前方是带有入母屋造唐破风的向拜，展现出与古社相称的规格。

拜殿初建于镰仓时代，现在的建筑是 1664 年（宽文四年）重建的。

拜殿

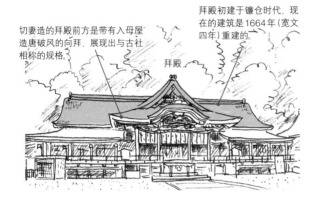

大量出土文物

陶土制作的酿酒工具复制品。

子持勾玉①。

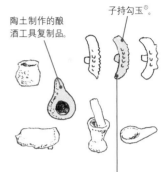

从三轮山出土的玉器等是古代祭祀的遗物，另外还有酿酒工具的复制品，意在彰显神明指点人们酿酒的功德。

神圣的三鸟居

外形特殊的鸟居代替本殿，成为神圣的象征。

形如其名，三鸟居是由明神鸟居和两侧的小鸟居组成的。

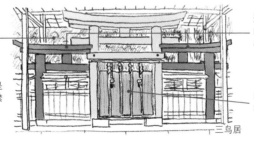

鸟居另一侧就是神体山，属于禁地。

中央的鸟居带有门扉。

三鸟居

酒神的象征：杉玉

大神神社受到很多酿酒业者的尊崇。

杉玉②

每年11月会更换新做的杉玉。

大物主神也是酿酒之神，使用大神神社的神杉叶子制作的杉玉中蕴藏着神明的威严，有的酿酒业者便以此为招牌。

可以攀登三轮山

历史上的神体山是禁地，进山受到严格限制。如今，有意者可以登山参拜。

登山口的两根柱子之间挂着注连绳，表示前方就是神圣之地。

登山口位于摄社狭井神社旁边，登山参拜需要登记。

①腹部、背部等位置附带小勾玉的大型勾玉。②用杉叶制成的球状物，又称酒林，常见于酿酒商门前的屋檐下，表示新酒已经酿好。

越洋而来的中国和朝鲜之神

高丽神社（埼玉县）

高丽神社供奉着高句丽之王高丽若光。据说，日本朝廷曾让从高句丽渡来的人们住在此地，若光就是他们的首领。此外还有很多祭祀外国神明的神社。

具体说来，外国的神明包括新罗的天日枪及妻子阿加流比卖神等神话[1]中的神，以及东渡而来人们的祖先。圆城寺的守护神新罗明神等也可以说是从外国来的神明。

这些神社并没有受到特别对待，有的也和供奉日本神明的神社一样，收到来自朝廷的奉币[2]。

供奉大陆诸神的高丽神社

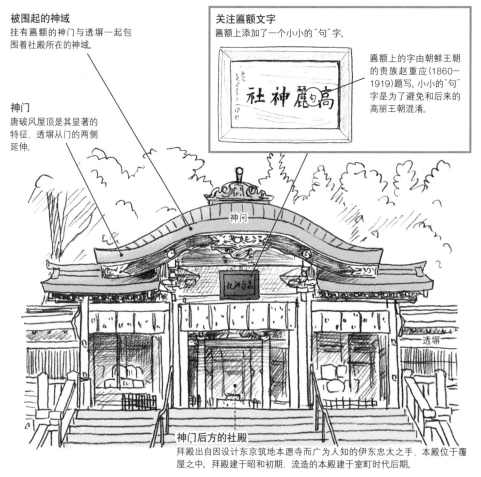

被围起的神域
挂有匾额的神门与透塀一起包围着社殿所在的神域。

神门
唐破风屋顶是其显著的特征，透塀从门的两侧延伸。

关注匾额文字
匾额上添加了一个小小的"句"字。

匾额上的字由朝鲜王朝的贵族赵重应（1860~1919）题写。小小的"句"字是为了避免和后来的高丽王朝混淆。

神门

透塀

神门后方的社殿
拜殿出自因设计东京筑地本愿寺而广为人知的伊东忠太之手，本殿位于覆屋之中。拜殿建于昭和初期，流造的本殿建于室町时代后期。

所在地：埼玉县日高市大字新堀833。　创建年代：不明。　主祭神：高丽王若光、猿田彦命、武内宿祢命。　小贴士：高丽若光于716年（灵龟二年）移居此地。现在的神社所在地当时还是一片荒芜，高丽若光和从各地汇集至此的高句丽人一同开垦土地，高丽神社的宫司则代代由高丽若光的子孙担任。本殿为埼玉县指定文化财。
①天日枪是从古代朝鲜渡来的新罗王子，在《日本书纪》和《古事记》中都曾出现。②就像927年（延长五年）编纂的《古语拾遗》中的"蕃神"和"今来神"一样，最初人们将来自国外的神明与日本的神明区分开，但是平安初期的官社（接受国家奉币的神社）账簿《延喜式》中的神名帐对两类神社的记载并无区别。

高丽若光与新罗王子天日枪

若光的祖国高句丽被大唐和新罗联合军所灭，若光最终移居日本，而出石神社
(兵库县)供奉的天日枪则被认为是来自古代朝鲜的新罗王子。

高丽神社中的"渡来"

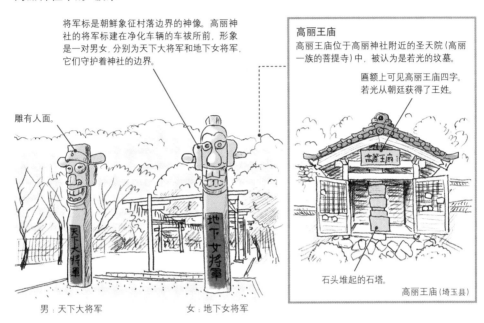

将军标是朝鲜象征村落边界的神像。高丽神社的将军标建在净化车辆的车被所前，形象是一对男女，分别为天下大将军和地下女将军，它们守护着神社的边界。

雕有人面。

男：天下大将军

女：地下女将军

高丽王庙
高丽王庙位于高丽神社附近的圣天院(高丽一族的菩提寺)中，被认为是若光的坟墓。

匾额上可见高丽王庙四字。若光从朝廷获得了王姓。

石头堆起的石塔。

高丽王庙(埼玉县)

出石神社中的"渡来"

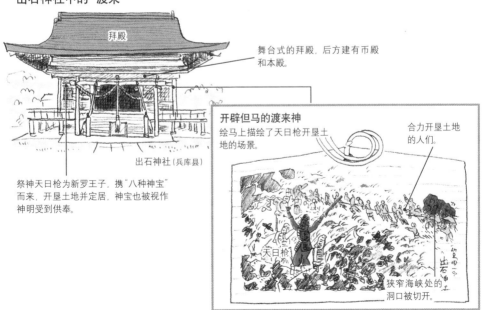

拜殿

舞台式的拜殿，后方建有币殿和本殿。

出石神社(兵库县)

祭神天日枪为新罗王子，携"八种神宝"而来，开垦土地并定居，神宝也被视作神明受到供奉。

开辟但马的渡来神
绘马上描绘了天日枪开垦土地的场景。

合力开垦土地的人们。

天日枪

狭窄海峡处的洞口被切开。

神佛交融的神宫寺与镇守社

手向山八幡宫（奈良县）

奈良时代，修建东大寺大佛是日本举国完成的大事业。当时，宇佐神宫（大分县，宇佐神宫是所有八幡神社的总本宫，见第 106 页）的八幡神表示会出手相助，不辞辛劳来到了奈良①。供奉这位八幡神的就是手向山八幡宫，直到明治年间神佛分离，这里都是东大寺的镇守社（守护神）。

佛教传入日本是在 6 世纪。在神佛相遇初期，神明也曾向佛寻求帮助。为了积累功德，人们修建了神宫寺（神宫寺基于神佛融合的思想，是附属于神社的寺院）。但不久之后，神就转变成了保护佛教的角色，寺院中建起了镇守社（镇守社是为供奉守护寺院的镇守神而修建的神社）。这一变化展现了佛教和神道教两股势力错综复杂的关系。

与正仓院相关的宝库
此仓库是从东大寺正仓院中迁移过来的，可见手向山八幡宫与东大寺关系密切。

木材交替垒起的校仓造，多用于仓库。

佛教的守护神：八幡神
八幡神以僧人的姿态出现。快庆②的《僧形八幡神坐像》（国宝）曾是手向山八幡宫的神体，现在供奉在东大寺中。

日本的神明以佛教僧人的形象出现，展现了佛教与神的紧密关系。

严岛神社：佛经也是宝物

严岛，即供奉祭祀神祇之岛③，后来寺院和神社毗邻而建，强化了神佛融合的样态。

数座社殿连接，这样的结构受到了平安时代贵族住宅"寝殿造"的影响。

祭神市杵岛姬在神佛融合时代被视为弁财天。

东回廊　　西回廊
祓殿
高舞台

许多佛教宝物也被供奉在此，如平清盛供奉的平家纳经。

严岛神社（广岛县）

所在地：奈良县奈良市杂司町 434。　创建年代：749 年。　主祭神：应神天皇、姬大神、仲哀天皇、神功皇后、仁德天皇。　小贴士：除了宝库，境内社住吉社的本殿也是重要文化财。手向山八幡宫是建在寺院境内的"镇守社"，而神宫寺里则有名为"社僧"的僧侣常住，按照佛教礼仪侍奉神明。
①建造东大寺大佛需要大量金属，包括 499 吨铜、8.5 吨锡、0.4 吨金、2.5 吨水银。宇佐的八幡神声明"一定让大佛成功建造"。②镰仓时代的佛像雕刻家。③"严岛"的日语发音与"供奉祭祀神祇"相近，这也是"严岛"之名的由来。

手向山八幡宫：从与佛教融合的"镇守社"走向独立

从东大寺分离、独立
手向山八幡宫自创建以来，直到明治年间神佛分离之前，一直都被尊为东大寺的镇守社。社殿移至现在的位置（紧挨东大寺）是在镰仓时代。

开放式拜殿
入母屋造拜殿，四面没有墙壁，完全开放。

本殿
被瑞垣包围的本殿及其他社殿都是江户时代建造的。

拜殿

难舍难分的神社与寺院

781年（天应元年），宇佐神宫被朝廷赐予"八幡大菩萨"神号，"菩萨"显示了其与佛教的密切关联。在明治年间神佛分离之前，这样的神佛关系在日本各地都很常见。

弁天大人移至相邻寺院
严岛也建有数座寺院。大愿寺是真言宗寺院，和严岛神社也有密切关系。过去供奉在严岛神社的弁天像现在就供奉在大愿寺。

山门为楼门，下层供奉仁王的空间向左右突出，样式罕见。

大愿寺

严岛神社

四天王寺的鸟居
四天王寺西门的鸟居被认为连接着佛教的西方净土。

四天王寺（大阪府）

石鸟居建造于1294年（永仁二年），后来不断加以修缮。

扁额上写有"释迦如来，转法轮处，当极乐土，东门中心"，内容来自佛教教义。

修验道神社

出羽神社（山形县）

出羽神社建在羽黑山中，拥有茅葺屋顶的巨大御堂称为三神合祭殿，祭祀出羽三山，即羽黑山、月山、汤殿山的神明。

出羽三山自古就是著名的修验道发源地。修验道是一种在险要的山地等处修行的宗教组织，创于平安时代末期，受到了日本固有的山岳信仰、自然信仰和佛教（尤其是密教）、道教的影响。

正如创立过程所示，修验道祭拜的对象多种多样。日本各地的许多山岳都曾被当作修行道场，熊野参拜①也曾流行一时，这样的盛况一直持续到明治时代颁布禁令②。

修验道的发源地：祭祀出羽三山神明的出羽神社

三神合祭殿包含本殿和拜殿
修验道是在山岳信仰和密教等多种信仰的影响下创立的。这座独特的社殿将本殿和拜殿一体化，是非常罕见的修验建筑。

宏伟的建筑
社殿高达28米，厚达2.1米的茅葺屋顶非常醒目。

内外均涂成红色
以前曾涂有红松油。1970~1972年，为了纪念开山1380年，神社进行大修，社殿变成了鲜艳的红色。

三社合祀
面向社殿，中央为月山神社，右侧为出羽神社，左侧为汤殿山神社。冬季降雪期间，月山和汤殿山无法登山参拜，因此全年都可参拜的羽黑山将三座神社合并祭祀。

所在地：山形县鹤冈市羽黑町手向字羽黑山 33。　创建年代：593 年。　主祭神：伊氏波神、仓稻魂命。　小贴士：日本最古老的日间故事集《日本灵异记》中记载了有关修验道的开山之祖役行者的故事。羽黑山三神合祭殿为日本重要文化财。
① 1090 年（宽治四年），白河上皇第 9 次巡幸熊野，让熊野信仰为全日本所知，无论身份贵贱，许多人开始向往熊野三山（见第 64 页）。② 1872 年（明治五年），明治政府下令禁止修验道的活动，17 万名山伏（修验者）不得不停止修行。

规矩繁多的修验道神社

修验道诞生于当地信仰与佛教的融合，与密教的关系尤为紧密，各神社都有各种各样的规矩，通过严格的修行获得不可思议的"验力"是它们的共通之处。

与修验道相关的人物

开山鼻祖：役行者

修验道的开山鼻祖役行者又称役小角，拥有强大的神通力，其力量是在大阪与奈良交界的葛城山中修行获得的。

役行者

前鬼　　后鬼

跟随役行者的鬼夫妇，左侧的"前鬼"是丈夫，右侧的"后鬼"是妻子。

着装特殊的修验者

修验者的装束与神官、僧侣都不同。

白头巾

铃悬

脚绊

出羽三山的规矩

卒业禊

从出羽三山神职养成所毕业时，按惯例举行"卒业禊"。大家会竖起御币，在河中唱起祈祷词，净化身心。

御币

禊川

三月的河水十分寒冷。

秋季进山

通过山中严格修行以求立地成佛、重获新生。

在山中封闭修行7天，于9月1日迎来"满行"。

修验道的圣地：鹈户神宫

本殿位于洞窟中，参拜时需要沿台阶向下。面朝日向滩①的奇特地形让这里成为修验道的圣地。

日向滩

通向本殿的参道是漫长的下行台阶。

鹈户神宫（宫崎县）

洞窟中的社殿

在海潮作用下形成的洞窟（海蚀洞）位于断崖处，内部面积约1000平方米。

红色的权现造本殿，正面带有唐破风。

①日语中的"滩"指风急浪高、难以航行的大海。

平息怨恨的御灵信仰

上御灵神社（京都府）

京都市内有两座御灵神社——上御灵神社和下御灵神社，祭祀的是以崇道天皇（早良亲王）为代表的御灵神。

所谓御灵神，是那些郁郁而终的皇族、贵族化为的神明，其中的代表便是因谋反罪名遭到流放的早良亲王，他控诉自己的冤情，最终绝食身亡。人们认为这些人的怨念会带来疫病等灾难，对此心怀恐惧。

安抚这些灵魂以求安宁的祭典称为御灵祭（御灵会），而将他们供为祭神的则是御灵神社。建立神社最初的目的是镇魂，但随着时间流逝，其职责已经变为守护人间。

平息怨念的御灵信仰的发源地

祭祀御灵神
桓武天皇在位期间，朝廷害怕早良亲王的灵魂作祟，追赠谥号为崇道天皇，并开始祭祀，这就是神社的起源。早良亲王也成了当地的产土神（镇守神）。

后方为本殿
现在的本殿是二战后重建的，之前的建筑是朝廷赠予的内侍所临时殿。

本殿

拜所

所在地：京都府京都市上京区上御灵前通乌丸东入上御灵竖町 495。　创建年代：863 年。　主祭神：崇道天皇等。　小贴士：在被供为御灵神的人中，有很多都被怀疑是暗杀要人或谋反的主谋。早良亲王（崇道天皇）被认定是暗杀藤原种嗣（强行主张迁都长冈京的朝廷使者）的主谋，但自称无罪，死于流放淡路国的途中。

流传至今的"御灵会"始于——

御灵信仰兴盛于平安时期，最初的御灵会于863年（贞观五年）举行，供奉崇道天皇等6人[1]，下御灵神社便源于这次御灵会。

下御灵神社：源自最初的御灵会

本殿、币殿、拜所纵向排列，最前方建有拜殿，结构特征鲜明。1590年（天正十八年），社殿在丰臣秀吉主持的京都都市整修中迁至现在的位置。

币殿

本殿

币殿后方建有本殿

拜所

拜所是唐破风建筑。

下御灵神社（京都府）

御灵会、还幸祭

拜殿

没有墙壁的开放式拜殿会在御灵祭期间挂起提灯。

驱除灾难的神轿有若宫、大宫、孩童三种。大宫神轿是日本最大的神轿。现在一般都用若宫神轿巡游。

若宫神轿

更多祭祀御灵神的神社

京都的崇道神社供奉御灵神早良亲王，他也是当地的守护神。

匾额上写有"崇道神社"。

位于京都的鬼门处，是若狭驿道的要塞，人们希望通过供奉御灵求得保护。

崇道神社（京都府）

①被供为御灵神的除了崇道天皇，还有伊予亲王、藤原吉子、橘逸势、文室宫田麻吕、藤原广嗣或藤原仲成。

探寻新生古道的熊野参拜

熊野本宫大社（和歌山县）

　　熊野本宫大社、熊野那智大社和熊野速玉大社合称熊野三山①，其中最古老的就是熊野本宫大社。现在的社殿建在可以俯瞰熊野川的地方，过去曾经位于河中的沙洲（大斋原）上，分为上社、中社和下社。社殿在明治时代被冲走，现在的社殿为上社，其他两社则以石祠的形式供奉在旧址②。

　　参拜熊野三山的熊野参拜源自院政时期③，上皇接连参拜，民众也纷纷前往。熊野作为通向他界的入口，被看作"新生"之所，逐渐成为拥有多元信仰的圣地。

熊野神社的总本宫、熊野三山之一：本宫

四座本殿
本殿中的第一殿、第二殿与第三殿、第四殿样式不同。现在的社殿是将幸免于明治年间洪灾的上社社殿移建过来的，被冲走的中社和下社同样也有四座本殿。

社殿的位置
位于高台之上，从北侧可俯瞰旧址大斋原。

排成一行
从第一殿到第四殿一字排开，与旧址形式相同。当时还曾有并列的中四社和下四社。

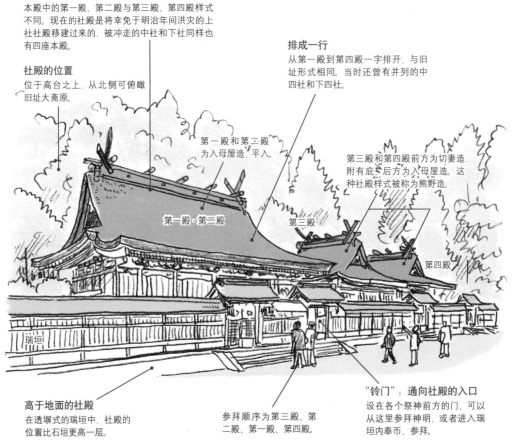

第一殿和第三殿为入母屋造，平入。

第三殿和第四殿前方为切妻造，附有庇，后方为入母屋造。这种社殿样式被称为熊野造。

第一殿·第三殿

第三殿

第四殿

瑞垣

高于地面的社殿
在透塀式的瑞垣中，社殿的位置比石垣更高一层。

参拜顺序为第三殿、第二殿、第一殿、第四殿。

"铃门"：通向社殿的入口
设在各个祭神前方的门，可以从这里参拜神明，或者进入瑞垣内奉币、参拜。

所在地：和歌山县田边市本宫町本宫1100。　　创建年代：不明。　　主祭神：家都美御子大神（素盏鸣尊）。　　小贴士：1889年熊野本宫大社旧址所在的大斋原遭遇水灾，社殿被冲毁。本殿现为日本重要文化财。熊野三山一带于2004年被列入世界文化遗产名录。①熊野三山供奉着相同的12位神明。②近年，人们在旧址大斋原入口处建起了高33.9米、宽42米的日本最大鸟居。③院政期以来，白河上皇曾9次行幸熊野，被看作"反藤原"的象征。因为不是藤原氏一派的神社，熊野三山才会被选为天皇行幸地。不过，也有许多藤原氏的参拜者来到熊野三山。

神话世界中的熊野信仰

通向熊野的路要穿过大阪、奈良、和歌山、三重共1府3县，统称熊野古道。圣地熊野历史悠久，《日本书纪》中也有记载。在熊野三山一带各神社会分发神札"熊野牛王符"，图案均有不同。

平安时代盛行的熊野参拜

平安时代的贵族、女官们需要步行前往熊野参拜。

当时女性旅行时会身穿名为壶装束的和服，头戴"市女笠"。

贵族以及皇族的女性、女官也都步行参拜。

石板路。

从熊野古道走向熊野三山

前往熊野有中边路、大边路、伊势路等多条路线。

三重县

中边路

田边

熊野本宫大社

熊野速玉大社

伊势路

新宫

和歌山县

熊野那智大社

那智胜浦

白浜

大边路

串本

本宫的牛王符

大幅纸张上印刷八咫鸦（见第25页），宝珠等意象的神札，用于画护身符、写誓词，现在仍然采用人工印刷。

图案为熊野山宝印和八十八只乌鸦。

前往熊野那智大社（那智）

瑞垣内共有6栋建筑，有上、中、下共计12座社殿。

第三殿

第四殿

铃门

熊野那智大社（和歌山）

牛王符上有那智泷宝印。

前往熊野速玉大社（新宫）

瑞垣内共有5栋建筑，合计12座社殿。

第一殿

第二殿

拜殿只有1栋

熊野速玉大社（和歌山县）

牛王符上印有熊野山宝印。

神明是佛祖的化身：本地垂迹

北野天满宫（京都府）

供奉菅原道真的北野天满宫创建于947年（天庆十年），现在的社殿是1607年（庆长十一年）重建的。

关于北野天满宫的祭神菅原道真，有说法认为是本地佛十一面观音化身而成的。所谓本地佛，就是指被当作神明的佛。这一观念源自"本地垂迹"，即日本的神明是佛为了救济众生临时化身而成的。"本地佛"和"临时化身的神"两者同体，而"权现"这一神号就意味着是"佛临时现身"。

本地佛随神明和神社坐镇，被供奉在社殿或社内的佛堂里[①]。

曾长期供奉本地佛的北野天满宫

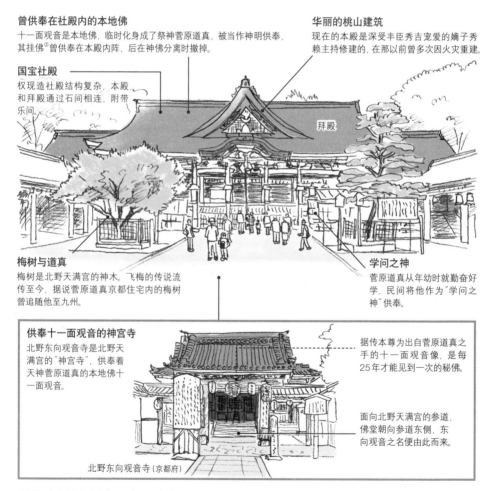

曾供奉在社殿内的本地佛
十一面观音是本地佛，临时化身成了祭神菅原道真，被当作神明供奉，其挂佛[②]曾供奉在本殿内阵，后在神佛分离时撤掉。

华丽的桃山建筑
现在的本殿是深受丰臣秀吉宠爱的嫡子秀赖主持修建的，在那以前曾多次因火灾重建。

国宝社殿
权现造社殿结构复杂，本殿和拜殿通过石间相连，附带乐间。

拜殿

梅树与道真
梅树是北野天满宫的神木。飞梅的传说流传至今，据说菅原道真京都住宅内的梅树曾追随他至九州。

学问之神
菅原道真从年幼时就勤奋好学，民间将他作为"学问之神"供奉。

供奉十一面观音的神宫寺
北野东向观音寺是北野天满宫的"神宫寺"，供奉着天神菅原道真的本地佛十一面观音。

据传本尊为出自菅原道真之手的十一面观音像，是每25年才能见到一次的秘佛。

面向北野天满宫的参道，佛堂朝向参道东侧，东向观音之名便由此而来。

北野东向观音寺（京都府）

所在地：京都府京都市上京区马喰町。　创建年代：947年。　主祭神：菅原道真。　小贴士：本殿、石间、拜殿和附属的乐间为日本国宝。京都市下京区的文子天满宫供奉着菅原道真的乳母多治比文子，被视为北野天满宫的前身。
①神佛之间的紧密关系一直维持到明治年间，新颁布的神佛分离令要求人们撤掉社殿内的本地佛造像和佛具，这些物品随之被转卖或移至其他寺院，甚至废弃。②挂佛是指用神明依附的镜子表现本地佛，佛的展现形式包括线描、浮雕、雕像等。

神佛的结合让信仰多样化

本地佛这一观念的诞生让神佛之间的关系更加密切，走向多样化。此外，受其影响，还出现了像饭绳权现那样源自山岳信仰和修验道的神明。

山王权现 × 日吉大社

日吉大社被尊为比叡山的地主神，这里的山王神道祭祀的是受到天台宗影响的神明山王权现。

西本宫供奉大己贵神。

东西本宫的本殿均为日本国宝。

西本宫本殿

日吉大社祭祀的神明合称日吉大神（山王权现）。

祭祀大山咋神的东本宫。

东本宫拜殿

位于京都的鬼门处，因此日吉大神也是驱灾除魔之神。

日吉大社（滋贺县）

白山权现 × 白山比咩神社

这里是白山信仰的总本社，源自人们对灵山白山的山岳信仰，以及修验道和佛教的影响。

外拜殿是由1920年（大正九年）建造的拜殿改建而成的，后方依次是直会殿、币拜殿、本殿。

白山比咩神社（石川县）

神社中供奉着白山比咩大神（白山妙理权现）、伊奘诺尊和伊奘冉尊。白山比咩大神是诞生于山岳信仰和修验道的融合神，曾被认为与日本神话中的菊理媛神是同一神明。

白山权现的样貌

宝物馆中藏有描绘了白山妙理权现等三神及本地佛的《绢本著色白山三社神像》（日本重要文化财）。

密教常用梵文表示的佛和菩萨，称为"种子"。种子也曾用来表示本地佛。最左边的种子表示千手观音。

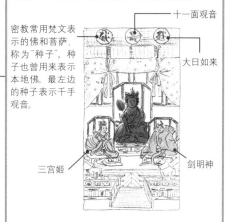

十一面观音

大日如来

三宫姬

剑明神

饭绳权现 × 饭绳神社

位于海拔1917米的饭绳山山顶，供奉着源自山岳信仰和修验道的融合神——饭绳大明神。

饭绳山山顶奥社的本殿。

饭绳大明神也称饭绳权现，形象为骑着白狐的乌天狗。

饭绳神社（长野县）

行乐性质的神社参拜

江岛神社(神奈川县)

在湘南海中的江之岛上，坐落着因弁财天闻名的江岛神社。神社由奥津宫、中津宫、边津宫组成，分别供奉着田心姬、市杵岛姬和湍津姬[①]。岛上还有摄社、末社和江之岛弁财天信仰的源头岩屋（洞窟）。从江户时代起，人们就热衷于在这些地方环游参拜。

参拜原本是为了获得神佛的护佑和好运，其中也包含着巡游各地名胜古迹的旅行乐趣。江户时代社会安定，驿道不断修整，人们在这一时期结成了名为"讲"的组织，筹集资金，享受参拜各地寺社的乐趣。

巡游江之岛的神社参拜

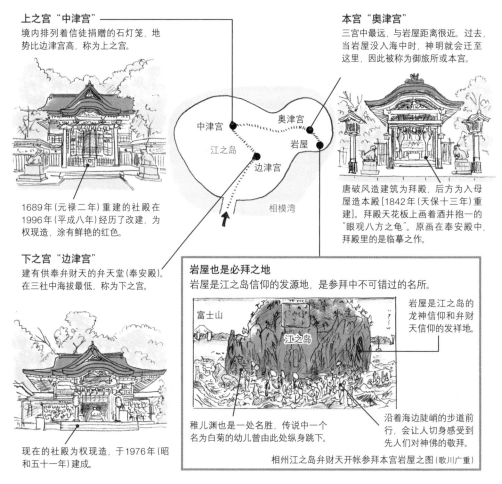

上之宫"中津宫"
境内排列着信徒捐赠的石灯笼，地势比边津宫高，称为上之宫。

1689年（元禄二年）重建的社殿在1996年（平成八年）经历了改建，为权现造，涂有鲜艳的红色。

下之宫"边津宫"
建有供奉弁财天的弁天堂（奉安殿）。在三社中海拔最低，称为下之宫。

现在的社殿为权现造，于1976年（昭和五十一年）建成。

本宫"奥津宫"
三宫中最远，与岩屋距离很近。过去，当岩屋没入海中时，神明就会迁至这里，因此被称为御旅所或本宫。

唐破风造建筑为拜殿，后方为入母屋造本殿[1842（天保十三年）重建]。拜殿天花板上画着酒井抱一的"眼观八方之龟"。原画在奉安殿中，拜殿里的是临摹之作。

岩屋也是必拜之地
岩屋是江之岛信仰的发源地，是参拜中不可错过的名所。

岩屋是江之岛的龙神信仰和弁财天信仰的发祥地。

稚儿渊也是一处名胜，传说中一个名为白菊的幼儿曾由此处纵身跳下。

沿着海边陡峭的步道前行，会让人切实感受到先人们对神佛的敬拜。

相州江之岛弁财天开帐参拜本宫岩屋之图（歌川广重）

所在地：神奈川县藤泽市江之岛 2-3-8。　创建年代：552 年。　主祭神：田心姬、市杵岛姬命、湍津姬。　小贴士：江之岛弁财天即妙音弁财天，又称"裸弁财天"，形象为怀抱琵琶的全裸女性。江岛神社中的坐像据推测创作于镰仓时代中期，平时在边津宫的奉安殿里供人们参拜。

①三位女神合称江岛大神，过去曾被称为江岛明神，在神佛融合中成了江岛弁财天，除了是海神和水神，还是艺能之神。

参拜神社也是娱乐

在江户时代，江之岛（江岛神社）属于比较便于前往的参拜地。与此同时，也有不少人会花费数月，不远千里前往伊势神宫（见第108页）、金刀比罗宫（见第119页）和太宰府天满宫（见第18页）参拜。

距江户不远的便捷行乐地——江之岛

对于生活在江户（今东京）的人来说，江之岛是比较便于前往的参拜地，它与镰仓和大山（均在神奈川县）组成的巡游路线很受欢迎。弁财天每6年开帐1次，平常见不到，每次开账都有大量参拜者到访。

当时尚未建桥，人们通过退潮时出现的沙洲上岛。

陆地一侧有门前町

富士山

江之岛

相模湾

同一个"讲"的成员会穿样式相同的衣服，带一样的伞。表演长歌的艺人们也热衷于参拜技艺之神弁财天。

从江户经东海道巡游镰仓和江之岛需要三四天时间。

相州江之岛弁财天开帐参拜群众之图（歌川广重）

一生一次的伊势参拜

许多人不畏路途遥远，组成"讲"前往伊势神宫，并在途中顺道参观名胜，享受旅行的乐趣。

人们举着写有"荫参"的幡旗前去参拜。所谓"荫参"，是指在约60年一次的"荫年"前往伊势参拜。

渡过宫川，就会感觉来到了"神的土地"。当时还没有桥，人们必须乘船渡河。

宫川

伊势参宫　横渡宫川（歌川广重）

长柄勺可以说是"荫参"之人的标志，据说只要手握此勺，便可在途中得到帮助，完成伊势之行。到达外宫后，人们会按照当时的惯例，把长柄勺放在北御门桥旁。

也有人让狗代替自己参拜。这样的狗称为"荫犬"，往返途中常受到人们照顾。

旅行指南：定宿帐

旅行兴起后，自然也就出现了旅行指南（定宿帐）。图为浪花讲定宿帐。浪花讲是能让人们安心住宿的旅馆组织，加盟的旅馆会挂上浪花讲的招牌，旅人会在入住时向旅馆出示浪花讲提供的鉴札表明身份。

定宿帐中写有加盟浪花讲的旅馆介绍和路线指南等信息。

神佛分离变革大潮

鹤冈八幡宫（神奈川县）

　　鹤冈八幡宫是源氏和武士的守护神。源赖朝将祖先请来的神社移至现在的位置，修整为幕府的神社。从那时起，这里就被称为鹤冈八幡宫寺，僧侣们在此侍奉神明，境内也建有佛堂，是标准的神佛融合神社。到了江户时代，鹤冈八幡宫得到幕府的尊崇，修建了本社、摄社、末社、大塔[①]、爱染堂[②]等建筑。

　　日本各地曾经都能见到神佛的融合[③]，但明治时期的神佛分离令终止了这一现象。神佛分离是明治政府下达并推行的命令，认为"神社应该恢复本来的模样"。很多人认为，这就相当于废佛毁释，日本各地都有重要的佛教建筑和文化遗产遭到破坏。

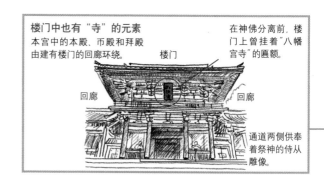

楼门中也有"寺"的元素
本宫中的本殿、币殿和拜殿由建有楼门的回廊环绕。　楼门

回廊　　　回廊

在神佛分离前，楼门上曾挂着"八幡宫寺"的匾额。

通道两侧供奉着祭神的侍从雕像。

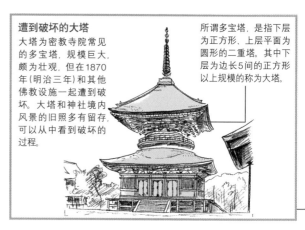

遭到破坏的大塔
大塔为密教寺院常见的多宝塔，规模巨大，颇为壮观，但在1870年（明治三年）和其他佛教设施一起遭到破坏。大塔和神社境内风景的旧照多有留存，可以从中看到破坏的过程。

所谓多宝塔，是指下层为正方形、上层平面为圆形的二重塔。其中下层为边长5间的正方形以上规模的称为大塔。

已不复存在的神佛交融之姿

若一王子神社的观音堂

若一王子神社中保存着观音堂和三重塔，展现出神佛融合的特征。

观音堂与中之宫殿（厨子）同建于1706年（宝永三年），正如其名，供奉着若一王子的本地佛——十一面观音。

若一王子神社（长野县）

所在地：神奈川县镰仓市雪之下 2-1-31。　创建年代：1063 年。　主祭神：应神天皇、比卖神、神功皇后。　小贴士：源赖义在奥州之战的途中到访镰仓，将石清水八幡宫（京都府）的祭神移至由比若宫（镰仓市），后来由源赖朝移至现在的鹤冈八幡宫。除了上宫本殿和拜殿，摄社若宫（下宫）等均为日本重要文化财。
①据说源赖朝修建的是五重塔。中世境内并没有塔，但在江户时代重建、整修期间建起了塔。②爱染堂中曾安放着用扁柏制作的爱染明王像，逃过神佛分离的破坏后，现存于五岛美术馆（东京都）。③日本各地的神社纷纷建起神宫寺和本地堂。

改变神社景观的"神佛分离"与"废佛毁释"

明治时代以前，鹤冈八幡宫(宫寺)境内矗立着多种形态的建筑，但神佛分离令所有佛教建筑都消失无踪。

旧布局图
这幅图描绘的是1626年(宽永三年)鹤冈八幡宫完成"宽永修建"后的布局，在本宫和若宫之外还有多处佛教设施。整体景观与现在截然不同。标"×"的是已经不存在的建筑。

本宫(上宫)

蓝染堂(×)

轮藏(×)

若宫(下宫)

药师堂(×)

护摩堂(×)

舞殿

钟楼(×)

仁王门(×)

大塔(×)

源平池

祭祀3位神明的若宫
若宫(下宫)属于社殿，得以保存。

这里祭祀着3位神明，包括上宫的祭神应神天皇的儿子仁德天皇。

上宫是1828年(文政十一年)重建的，若宫建于1626年(宽永三年)，是日本重要文化财。

被烧的十一面观音像
神佛分离之时，佛像或被破坏，或被卖掉。观音堂的佛像曾被火烧，残留的部分现在供奉在本堂。

曾供奉在观音堂的十一面观音像。

柏原八幡宫的三重塔

社殿后方建有三重塔，这样的结构鲜明地体现了神佛融合的样态。

1815年(文化十二年)重建的三重塔建在比社殿还高的地方，废佛毁释时因"八幡文库"的身份而免于被毁。

三重塔

社殿

社殿中的本殿与拜殿相连，建于1585年(天正十三年)。

柏原八幡宫(兵库县)

祭祀天皇的明治年间神社

橿原神宫（奈良县）

祭祀初代天皇神武天皇和皇后的橿原神宫就建在他们的宫殿遗迹上，创建时间是1890年（明治二十三年）。

进入明治时代后，供奉天皇、皇族或有功之人的神社开始出现。对于以建设近代国家为目标的明治政府来说，天皇的可视化和对有功者的表彰具有重大意义。

这样的举动也与日本对神社的保护和管理密切相关。从明治时代到昭和年间，日本制定了各个神社的社格①。也有说法认为，当时的神道已经成了整个日本的宗祀，是实际上的"国教"。

橿原神宫是日本的建国纪念碑

本殿移自御所
本殿修建于1855年（安政二年），整体移建了京都御所的贤所（内侍所）。

本殿

币殿

币殿为切妻造、平入，正面仿佛开放的舞台。

近代神社的典型
社殿配置整齐，拜殿规模宏大，设计者追求的是适用于近代神社的形态。

畝傍山

外拜殿

大和三山之一，古代的人们也对它深有好感。

外拜殿于1939年（昭和十四年）完工，入母屋造，两侧有回廊延伸。

④
③
②
①

社殿配置
①外拜殿、②内拜殿、③币殿、④本殿呈直线排列，回廊连接着外拜殿和内拜殿，并环绕币殿和本殿，设计思路明确。

社殿配置图

纪元祭
于每年的2月11日——神武天皇即位日（日本建国纪念日）举行，敕使会受命来献上币帛。

币帛

敕使

所在地：奈良县橿原市久米町934。　创建年代：1890年。　主祭神：神武天皇。　小贴士：据《日本书纪》记载，初代天皇神武天皇从天孙降临（见第46页）的九州日向国向东迁移过程中，在橿原修建了宫殿，举行即位典礼，橿原神宫由此而来。本殿为日本重要文化财。
① "社格"展现了神社的规格，这里说的是近代社格制度（创立于明治维新之后）。第二次世界大战结束后，伴随着驻日盟军总司令令废除日本国家神道的指令，社格制度也被废止。

近代国家产生的全新神社形态

进入明治时代后，日本出现了祭祀有功者的神社，例如平安神宫（京都府），其中供奉着因平安迁都闻名的桓武天皇。

平安迁都1100年纪念：平安神宫

明治28年创建

平安神宫供奉着桓武天皇和孝明天皇，境内复原了皇宫的部分建筑，用来召开纪念平安迁都1100年博览会。

按照平安京大极殿（正殿）以8：5的比例复原。

回廊前端是白虎楼。

外拜殿

外拜殿是模仿皇宫的大极殿建造的。

回廊呈L形，前端与苍龙楼相连。

时代祭

1895年（明治二十八年）平安神宫创建时开始的全新祭典。追溯往昔，展现京都风情的游行队伍在京都市中心缓缓行进。

承载祭神桓武天皇和孝明天皇神灵的凤辇。

神门"应天门"

以过去平安京宫城的应天门为原型修建的二重门。

平安神宫（京都府）

涂成红色的框架、白色的墙壁和绿釉瓦相得益彰。

弘法大师也有笔误

平安京应天门的匾额据说是高僧空海写的，但漏了一点，于是在匾额挂起后投笔补足。

┃ 祭祀非日常的神明——秘境神社

有一类神社位于高山或海中孤岛上，常人无法靠近。人们相信，在这样的地方，存在超越人类智慧的神明。人们渴望通过前往这类难以到达的场所参拜、修行，得到神明护佑，获得神的力量。

在山岳信仰的代表——富士山的山麓，也有这样一座奇特的神社，它就是胎内神社，位于火山爆发形成的树形洞窟中。长达155米的洞窟好似人体内部，洞窟内的神社被称为"父亲的胎内"和"母亲的胎内"。

离岛上的神社有不少都只能等退潮露出陆地的部分方能参拜。濑户内海手影岛上的长岛神社就是一个典型的例子。与日常生活中带给我们好运的神社不同，秘境中的神社似乎有一种超自然的力量，令人心驰神往。

九州对马白银岛的白银神社
这是一座地处边境的神社。没有定期渡轮往来这座岛屿，需借助皮划艇或租船才能上岛。这类小岛上的神社多为贸易、渔业和港口的守护者。

浅茅湾海岸线曲折，白银岛是散布在附近的小岛之一。

鸟居后方建有石阶。

第 4 章

神社供奉着何物

从山峦、岩石、瀑布等自然界的事物，到异形之物、有权者，各种各样的人和物被奉为神明，供在神社之中。在接触栖居于许多日本人心中的八百万神明的同时，我们也可以渐渐通过各类神社了解神明与当权者之间的关系。

神明即山：山岳信仰

金钻神社（埼玉县）

　　埼玉县的金钻神社没有本殿，神体就是伫立在拜殿后方的御室岳，门和瑞垣（透塀）共同构成了结界。

　　像这样被尊为神体的山称为"神体山"，奈良县的三轮山（见第54页）、青森县的岩木山、日光市的男体山，以及富士山，都是著名的神体山。人们从这些山的风姿和矿脉中感受到了神圣与力量，对此满怀崇敬。也有的山被视为禁地[①]，人们便在山麓或村庄内设置遥拜所，继而发展成神社[②]。

没有本殿的金钻神社

通向神明领域的入口：中门
金钻神社没有本殿，位于神体山前方的中门意味着由此向前即是神界。

神体山
以御室岳为神体。

保留至今的原始信仰形态
人们普遍认为，原始的神明信仰是不修建社殿的。以山为神体的神社保留了这种古老的信仰形态。

内部禁止入内
中门为切妻造，妻入。参拜者只能走到中门前，无法入内。神职人员同样如此，即使在举行祭典的时候也不能进入

透塀
环绕四周的透塀仿佛要将神体山包围。

从拜殿参拜
拜殿是供人们参拜神体山、进行祈愿的场所，中门就在其背后。

拜殿

所在地：埼玉县儿玉郡神川町字二之宫750。　　创建年代：不明。　　主祭神：天照大神、素盏呜尊。　　小贴士：根据社传记载，日本武尊（见第50页）东征时曾从姐姐倭姬命那里得到了火钻金（打火石），而在御室岳供奉火钻金正是金钻神社的起源。金钻神社一名便由此得来，但也有说法认为金钻是指金砂。

①有的神体山并非禁地，可以登顶，比如富士山。②还有的神社以神篱、磐座等为神体，不设本殿。

山岳信仰：将原始信仰形态延续至今

山岳信仰与密教的关系十分紧密。此外，也有很多神社在神体山的山顶建有奥宫和别宫。

金钻神社中保留下来的神佛融合遗迹

佛塔：多宝塔

神社内留有神佛融合时代的遗迹，例如室町时代修建的多宝塔。

一重为正方形、二重为圆形平面的二重塔，多见于密教寺院。

奥宫附近的护摩坛

与神体御室岳相邻的御岳山山顶建有奥宫，旁边曾经设有密教等护摩[①]时用的护摩坛。

神佛融合时代的护摩坛。

山顶上的小石祠就是金钻神社的奥宫。

津轻的"御山"：岩木山

津轻地区的人们自古以来就将岩木山(御山)奉为灵山。每年农历8月1日，人们会举行登山活动(御山参拜)，祈祷五谷丰登、家族平安。

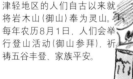

人们举着幡旗和御币前行。

参拜者身着白衣。

岩木山神社(青森县)

供奉岩木山大神的岩木山神社

本殿为涂有黑漆的三间社流造。

本殿装饰华丽，向拜柱上缠绕着龙的雕像。

5位祭神[②]坐镇神社中，合称岩木山大神。

位于岩木山山顶的奥宫

奥宫用混凝土和石头建成。

御山参拜是为了在山顶看到日出。

岩木山神社奥宫的社殿、鸟居和石标就坐落在山顶上。

---

①密教修法中的重要仪式。②5位神明分别是显国玉神、湍津姬、丰受大神、大山祇神和坂上刈田麻吕。

神圣的瀑布

飞泷神社（和歌山县）

据熊野那智大社的社传记载，是神武天皇发现了瀑布，并供为神明。在熊野那智大社，祭祀着熊野13位神明①的社殿多达六座，其中第一殿泷宫供奉着飞泷权现（大己贵神）②。熊野那智大社的别宫飞泷神社如今仍位于瀑布下方③，这里没有本殿和拜殿，人们可以直接在瀑布潭附近参拜主祭神大己贵神的神体瀑布。瀑布被修验道命名为"飞泷权现"，据说这里曾经还供奉着本地佛千手观音④。

自古以来，人们就认为水是能洗去污秽的神圣之物，瀑布飞流直下的景象无疑让人们强烈感受到了力与美的冲击。

参拜：瀑布之水似会随时浇下

通向御泷拜所的步道
通向瀑布附近的拜所，从御泷拜所可以更近距离地参拜瀑布。

混凝土建造的露天拜所。

那智的大瀑布
飞泷神社的神体瀑布称为"一之泷"，在那智的瀑布群中属规模极大的，自古就是那智熊野大社信仰的中心。那智山共有超过60处瀑布，其中48处举行过泷行⑤。据说，泷行源于修行前清洁身体的传统民俗"被禊"。

瀑布高133米，瀑布潭深约10米。

社务所
在这里支付参拜费用，即可进入御泷拜所。

鸟居
位于瀑布正面，可以从这里参拜瀑布。

所在地：和歌山县那智胜浦町那智山。　创建年代：不明。　主祭神：大己贵神。　小贴士：据说花山天皇（968～1008）曾在大瀑布举行泷行时，将长寿的灵药（九穴贝）沉入潭中，飞泷神社的水因此成为"延长寿命的灵水"，参拜者可以用"神盃"饮用。
①供奉熊野十二所权现和大瀑布之神——飞泷权现，因此又被称为"熊野十三所权现"。②大己贵神是让出国土的大国主神的别名。
③瀑布处至今仍供奉大己贵神。④瀑布旁曾建有千手堂，后因明治时代的神佛分离令被毁。⑤站在瀑布下接受水流冲击的修行。

瀑布与祭典

在熊野那智大社举行的扇祭中，模仿瀑布形态的扇神轿是神明的化身。迎接神轿的12支火把和瀑布之水则是祈祷万物生成化育之物。据说，本殿里的众神会乘坐神轿抵达瀑布，借助全新的力量重获新生，然后再返回社殿之中。

归乡的熊野诸神

供奉在熊野那智大社的熊野诸神每年会返回一次故乡飞泷神社（那智的扇祭），因为他们曾被供奉在那智的瀑布附近。迎接扇神轿时人们会燃起火把，所以祭典也被称为"那智的火祭"。

象征熊野12位神明的12座扇神轿，高达6米，与一般的神轿截然不同。

扇神轿爱

通向飞泷神社的下行台阶。

火把

用12支巨大的火把迎接神明（扇神轿），火把重达50公斤。

那智的扇祭是日本国家级的重要无形民俗文化财。

神轿进入神体瀑布

德岛县轰神社的摄社本泷神社供奉着水神罔象女神，瀑布即为神体。

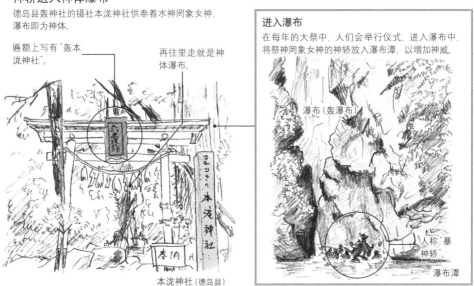

匾额上写有"轰本泷神社"。

再往里走就是神体瀑布。

本泷神社（德岛县）

进入瀑布

在每年的大祭中，人们会举行仪式，进入瀑布中，将祭神罔象女神的神轿放入瀑布潭，以增加神威。

瀑布（轰瀑布）

人称"暴神轿"。

瀑布潭

超强的存在感：巨岩即神明

花窟神社（三重县）

面朝熊野滩[①]的海滨有一处高约 45 米的巨岩（花窟），这就是花窟神社的神体，据传为伊奘冉尊的坟墓。巨岩对面还有一块祭祀火神轲遇突智的石头。

花窟神社的所在地一直被认为是墓地，正式成为神社是在明治时代。自古以来，日本各地都有将巨岩和奇岩当作神体的信仰行为。绳文时代和弥生时代的遗迹中出土过排列成环状的石头和石制祭祀用品，可见人们对石头的信仰。以石头和岩石为神体的神社就继承了这种古老的信仰。

建在巨岩前方的花窟神社

伊奘冉尊的坟墓
据传巨大的岩壁就是伊奘冉尊的坟墓。利用岩石洞穴进行的祭祀活动保留了古代信仰的形态。

阴穴
"阴"指女性的阴部。伊奘冉尊生下火神轲遇突智时阴部灼伤，最终死去，因此神体石的洞穴被称为"阴穴"。

花窟
作为神社神体的巨岩。

玉垣环绕的拜所
参拜祭神伊奘冉尊的神体——巨岩的地方。斜对侧是被奉为轲遇突智神体的岩石，岩石前建有拜所。

所在地：三重县熊野市有马町上地 130。　创建年代：不明。　主祭神：伊奘冉尊、轲遇突智。　小贴士：保留古老信仰形态的花窟神社被认为是"日本最古老的神社"。花窟对面有一块称为王子窟的岩石，以"王子"为名是因为祭神轲遇突智是伊奘冉尊的儿子。
①从三重县南部延伸至和歌山县的熊野滩沿岸，有鬼城（熊野市木本町）、狮子岩（熊野市井户町）等许多奇岩，花窟神社的神体也是其中之一。

花窟神社是熊野地区无社殿神社的代表

熊野有许多没有社殿的神社，其中祭祀巨岩的花窟神社最具视觉冲击力。每年2月和10月的例行祭典"御绳挂"是一项古老的祭神仪式，在《日本书纪》中也有记载。

绘马石

花窟神社有将愿望写在白色石头上进行供奉的习惯。

神体巨岩。

可见"绘马石奉纳所"字样。

绘马石奉纳所

石头上写有祈愿者的愿望。

丸石

也有人认为圆形的石头中有神明居住。

神社内还供奉着据说是从神体岩上掉落的圆形石头。

为神体岩挂上御绳

在"御绳挂"仪式中，人们把绳索一端系在神体岩上部，另一端由当地人拉直。据说御绳与神明相连，可以带给人们好运，人们为此聚集起来争相拉动绳索。

御绳挂在神社内的塔上。

神体是高约45米的巨岩。

绳索被人们一直拉到海岸边，由当地人系到堤坝附近的柱子上。

当地人一起制作的御绳，长达170米。

御绳

绳索上挂有3面幡旗，用绳子编成，象征伊奘冉尊的3个孩子——天照大神、月读神和素盏呜尊。

绳子会一直挂到自然断裂，所以在祭典之后可以看到新旧两根绳子。

生命力的象征：生殖器崇拜

田县神社（爱知县）

爱知县小牧市的田县神社因一项祭典闻名，即被称为奇祭的丰年祭，人们会在祭典上用神轿抬着长达 2 米的男性生殖器模型游行。男性生殖器是五谷丰登的象征，社殿里也安放着巨大的模型。神社的创建情况不明，但历史十分悠久[①]。此外，同样位于爱知县的大县神社的姬宫供奉着形似女性阴部的奇石，每年都会举行祈祷丰收和得子的祭典。

日本各地对男女生殖器的信仰多与祈祷五谷丰登、儿孙满堂及美满姻缘有关[②]，且这样的神社大多供奉着形似男女生殖器的岩石等自然物体。

抬着男性生殖器供奉神明的奇祭

男性生殖器乘坐的神轿
祭典中有凤辇、御前神轿和阳物神轿共3种神轿。

男性生殖器即为供品
模仿男性生殖器造型的供品用扁柏制作，直径60厘米，长达2米。人们将其供神前，祈祷五谷丰登、儿孙满堂。

本殿

抬着男性生殖器(大男茎形)的是阳物神轿。

田县神社境内

供奉小型男性生殖器的五人众
由入选五人众的女性手持。

据说只要抚摸小型男性生殖器模型，就会得子。

神轿从御旅所出发前往田县神社。

神社内到处都是男性生殖器
面朝本殿，位于左前方的奥宫神前供奉着巨大的木制男性生殖器模型。

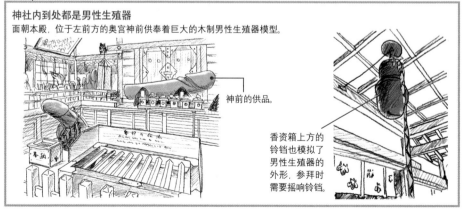

神前的供品。

香资箱上方的铃铛也模拟了男性生殖器的外形，参拜时需要摇响铃铛。

所在地：爱知县小牧市田县町 152。　创建年代：不明。　主祭神：御岁神、玉姬神。　小贴士：丰年祭中登场的"大男茎形"每年都使用高价的扁柏重新雕刻。在举行斧入祭，将斧头插入树龄 200 年、直径超过 50 厘米的巨木后，巨大的男性生殖器会在 10 天内被雕刻出来。①在 1807 年（文化四年）编纂的《古语拾遗》中，已出现形似男性生殖器的赏赐物。② 1871 年（明治四年）的裸体禁止令和 1872 年的《违式诖违条例》使得生殖器信仰的表现形式变得隐晦。

灵验的生殖器信仰：从五谷丰登到商业繁荣

以生殖器为神体的神明称为金精神或金魔罗大人，在日本各地均可看到。其中多数为护佑平安生产和美好姻缘之神，也有的地方将其奉为商业繁荣之神，也许是源于生产和丰收等意象，奥日光山中的金精神社即是一例。

金精信仰的本源①——金精神社

金精神社位于栃木县的金精岭，人们将它从这里请到日本各地。

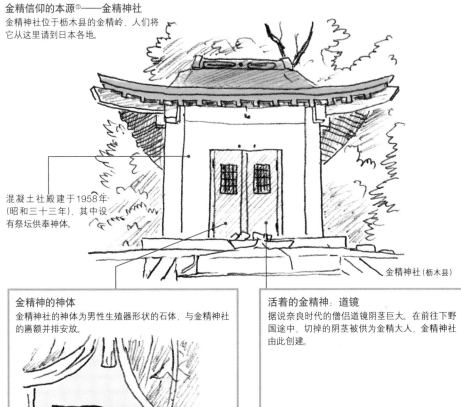

混凝土社殿建于1958年（昭和三十三年），其中设有祭坛供奉神体。

金精神社（栃木县）

金精神的神体

金精神社的神体为男性生殖器形状的石体，与金精神社的匾额并排安放。

黑色石制神体。

活着的金精神：道镜

据说奈良时代的僧侣道镜阴茎巨大。在前往下野国途中，切掉的阴茎被供为金精大人，金精神社由此创建。

因孝谦上皇的宠爱出人头地，后来失势，被贬至下野国（栃木县）。

---

① "本源"多指信仰来源的神社，而非确立该信仰系统的神社。此外，也有说法认为岩手县的卷堀神社是其本源。

异形之物是神还是魔

鵺大明神（京都府）

平安时代出现在天皇宫殿内的怪鸟"鵺"被源赖政射落，当时清洗箭镞的鵺池如今仍留存在京都市内，池畔就是昭和年间创建的鵺大明神。

这座神社供奉着不属于这个世界的异形之物，意在镇抚魔物、怪物的同时转化其不可思议的力量，使人们从中获益。

民俗学者柳田国男认为，有些异形属于"古代神明堕落后的形象"，介于神明与妖怪（怪物）之间。

祭祀现身宫廷的怪物

与黑云同时出现的鵺
历史上留下了两次源赖政击退鵺的记录[1]。下方的画中可以看到赖政的侍从猪早太，描绘的应该是第一次击退鵺的场面。

被击退的怪鸟鵺
在《平家物语》的描述中，鵺头似猿猴、身似狸猫、脚似虎、尾似蛇。

鵺

猪早太

源赖政

源赖政射落鵺
精通武艺与和歌的武将。

侍从猪早太给予最后一击
迅速靠近源赖政射落的妖怪，给予最后一击。

源三位赖政鵺退治（歌川国芳）

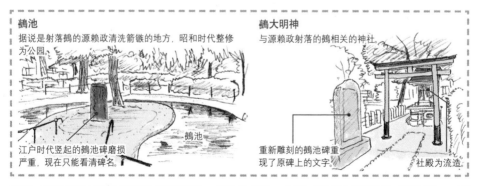

鵺池
据说是射落鵺的源赖政清洗箭镞的地方，昭和时代整修为公园。

鵺池

江户时代竖起的鵺池碑磨损严重，现在只能看清碑名。

鵺大明神
与源赖政射落的鵺相关的神社

重新雕刻的鵺池碑重现了原碑上的文字。

社殿为流造。

所在地：京都府京都市上京区智惠光院通丸太町下主税町。　　创建年代：不明。　　主祭神：鵺大明神、玉姬大明神、朝日大明神。　　小贴士：京都市下京区神明神社里供奉的社宝据传为源赖政在击退鵺时使用的箭镞，据说源赖政曾到此祈祷能够击退鵺，并在成功后来还愿。

[1]据传源赖政与鵺的第一次对决发生在平安时代末期，近卫天皇在位期间。每晚丑时（凌晨2点左右）黑云四起，近卫天皇痛苦不堪，于是命源赖政击退背后的怪物。源赖政瞄准怪物的影子射出一箭，准确命中。第二次发生在二条天皇在位期间，同样是源赖政用箭射中了鵺。

由恶变善的异形之物

供奉在神社里的魔物逐渐变成了能带给人们好运的存在，例如发誓为濒死之人治疗"脖子以上"的病症的鬼族首领酒吞童子，以及成为桥梁守护神的鬼女桥姬等。

供奉酒吞童子的首冢大明神

住在大江山的酒吞童子曾在京都做尽恶事。人们建起神社，借用其力量带来"善"的结果。

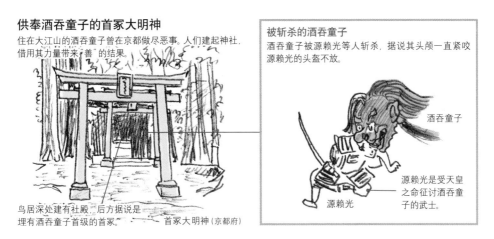

鸟居深处建有社殿，后方据说是埋有酒吞童子首级的首冢。　　　首冢大明神(京都府)

被斩杀的酒吞童子
酒吞童子被源赖光等人斩杀，据说其头颅一直紧咬源赖光的头盔不放。

酒吞童子

源赖光是受天皇之命征讨酒吞童子的武士。

源赖光

供奉桥姬的桥姬神社

这座神社最初是祭祀桥梁守护神濑织津比卖的，现在也祭祀桥姬。原本供奉在宇治桥中段向外突出的部分。

供奉着濑织津比卖和桥姬的社殿。

住吉社

桥姬神社(京都府)

鬼女桥姬

桥姬是出了名的因嫉妒而癫狂的女性。

以鬼为守护神的鬼镇神社

一说为守护鬼门而建，也有民间故事说这里安葬、祭祀的是向铁匠女儿求婚的鬼的遗骸。

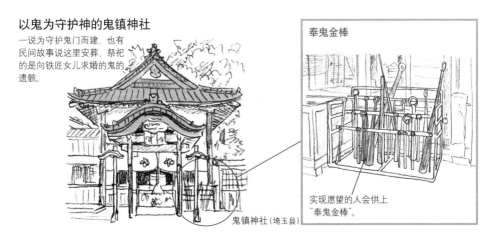

鬼镇神社(埼玉县)

奉鬼金棒

实现愿望的人会供上"奉鬼金棒"。

数量众多的战神

鹿岛神宫（茨城县）

　　鹿岛神宫的祭神武瓮槌神曾出现在让国神话（见第44页）中。他从高天原降至出云国，让大国主神和他的两个儿子接受了让国一事，并将自己的剑授予神武天皇，带有极强的"武"的色彩。

　　进入武士的时代后，武瓮槌神成为与香取神宫（千叶县）的经津主神（见第44页）齐名的武神，受到人们尊崇。现在的社殿是江户幕府的第三代将军德川家光捐钱建造的。祭祀武神的神社很多，其中也有神社以现实中的古代武将为神，如征夷大将军坂上田村麻吕（滋贺县田村神社）和战国武将武田信玄（山梨县武田神社）。

汇聚江户幕府崇敬之心的鹿岛神宫

装饰华丽的本殿
本殿为三间社流造，华丽的装饰、涂有黑漆的建材、薄木板屋顶让整座大殿看上去极尽优美。旧本殿由德川家康主持修建，如今是奥宫社殿。

用未着色的木材建造的拜殿。

拜殿

本殿

主祭神为武神
本殿供奉武瓮槌神，别名鹿岛神。

社殿被透堺环绕。

楼门出自水户德川家
楼门由水户藩主德川赖房主持修建，展现了水户藩的崇敬之心。

鹿岛神宫的楼门没有门扉。

第一阶两侧安放着随身像。

所在地：茨城县鹿岛市宫中2306-1。　创建年代：初代神武天皇元年。　主祭神：武瓮槌大神。　小贴士：天照大神派神使武瓮槌神进行让国交涉，该神使是鹿岛天迦久神，因此鹿岛神宫的神使是鹿。

从火神之血中生出的武瓮槌

伊奘冉尊生火神时被烧伤致死，伊奘诺尊砍掉了火神的首级，结果从剑根部的血中生出了三神[1]，其中一个就是武瓮槌神。在古代，武瓮槌神也被视为平定东方虾夷的神明。

社殿始终威慑北方

鹿岛神宫的社殿是由拜殿、石间、币殿和本殿构成的权现造，雄伟华丽的外观展现了身为武家的江户幕府炽热的崇敬之心。

拜殿

朝向与布局
社殿朝向虾夷所在的北方，象征威慑之姿。

石间
神座
币殿　币殿
本殿
N

铃木长次，奉命修建拜殿、石间和本殿的是幕府专用工长。

送给神武天皇的剑

布都御魂是武瓮槌神的剑，被供为神宝。

剑身长2.25米。

据传这把剑是用鹿岛的铁砂锻造的，铸于奈良时代到平安时代之间。

供奉神明的流镝马仪式

鹿岛神宫每年都会举行流镝马仪式，还诞生了与祭祀武神的鹿岛神宫密切相关的武术流派。

既展示了武士的功夫，也是敬献神明的技艺。

与经津主神齐名的武神

有很多地方将武瓮槌神与香取神宫的经津主神一同祭祀。

除了将两座神社的神札一起供奉，有的道场还挂着写有两位神明和两座神宫名字的挂轴。

武瓮槌神与鲇鱼

鹿岛神宫有一块传说可以避免地震的石头，即要石。图为江户时代流行的"鲇鱼绘"。

鹿岛神（武瓮槌神）按住大鲇鱼的头。

鹿岛神

大鲇鱼

大鲇鱼被看作地震之源，鹿岛神宫的要石压住了它的首尾。

①从剑尖的血生出的是磐裂神、根裂神和磐筒男神，从剑根的血生出的是甕速日神、樋速日神和武瓮槌神，而从剑护手处的血中生出的是暗龗神和暗闇象神。

满足生活渴求的产业之神

美保神社（岛根县）

　　美保神社的祭神是神话中的事代主神，也是广为人知的"惠比寿神"，他曾在大国主神"让国"（见第44页）时举竿垂钓，因此成为渔业之神。

　　即使到了现代，像惠比寿神这样与生计相关、能给生活带来恩惠的神明依然受到人们的热烈崇敬，比如农业之神仓稻魂命和天穗日命、矿业和制铁之神金屋子神、矿山之神金山彦神，还有和果子业者信仰的田道间守（见第19页）等。

　　上述神明都与神话和神社所在地的传承密切相关。

结构独特的美保神社社殿

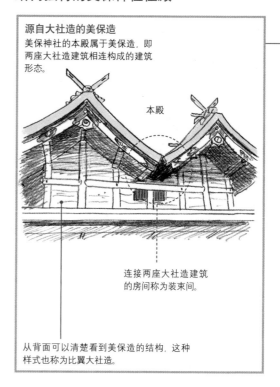

源自大社造的美保造
美保神社的本殿属于美保造，即两座大社造建筑相连构成的建筑形态。

本殿

连接两座大社造建筑的房间称为装束间。

从背面可以清楚看到美保造的结构，这种样式也称为比翼大社造。

产业之神众多的旧出云国神社

以供奉渔业之神的美保神社为代表，包括供奉制铁之神的金屋子神社等，旧出云国境内有许多祭祀产业之神的神社。日本中国地区的一些炼铁厂至今仍供奉着金屋子神。

祭祀渔业之神的美保神社

两艘渔船出海后返回美保神社，在神前献上供品。

让国神话中，事代主神在海中建起青柴垣，藏身其中，这是青柴垣仪式的源起。

青柴垣就是在四角立上杨桐木后拉起幕布。头屋（主导一年间仪式的家族）会乘这艘船。

所在地：岛根县松江市美保关町美保关608。　　创建年代：不明。　　主祭神：事代主神、三穗津姬命。　　小贴士：据说事代主神即惠比寿神喜爱能够发声的东西，因此美保神社中供奉着许多乐器，包括日本最古老的八音盒和手风琴等珍贵物品，不少都是日本国家重要文化财。

本殿

透塀环绕的本殿
拜殿后方建有本殿，周围
有透塀环绕。

拜殿

透塀

面朝港口的社殿
社殿由巨大的拜殿和后方相连的本殿组成，参道
前方就是港口。

两座大社造建筑仿
佛通过"庇"连接。

拜殿

巨大的拜殿
建于昭和年间的拜殿规模宏大，
属于切妻造、妻入的建筑前方
附有切妻造的庇。

惠比寿信仰的总本社
岛根县的美保神社是日
本3000余座惠比寿神
社的总本社。

祭祀制铁之神的金屋子神社
传播制铁技术的神明至今仍受到
钢铁行业的尊崇。

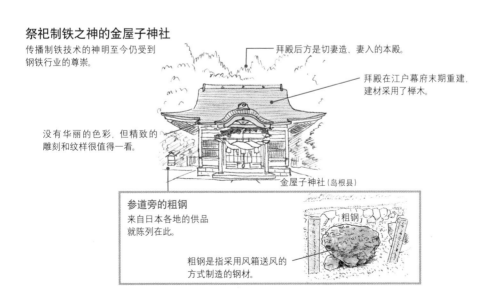

拜殿后方是切妻造、妻入的本殿。

拜殿在江户幕府末期重建，
建材采用了榉木。

没有华丽的色彩，但精致的
雕刻和纹样很值得一看。

金屋子神社（岛根县）

参道旁的粗钢
来自日本各地的供品
就陈列在此。

粗钢

粗钢是指采用风箱送风的
方式制造的钢材。

象征皇位的三种神器

热田神宫（爱知县）

天孙降临（见第 46 页）之际，天照大神赠给前往地上世界的琼琼杵尊三种神器，其中之一的草薙剑就供奉在热田神宫。草薙剑是素盏呜尊击退八岐大蛇时得到的[①]，相传日本武尊（见第 50 页）东征时曾用此剑横扫草叶、逃离火攻，这把剑由此得名。日本武尊死后，剑被供奉在热田神宫，成为热田大神。

三种神器中，八坂琼曲玉奉于皇居，八咫镜奉于伊势神宫（见第 108 页），草薙剑奉于热田神宫，但据说没有人见过实物，真正的模样始终谜团重重。

安置三种神器的神社

保留尾张造样式的境外社
热田神宫的境外社冰上姊子神社保留着"尾张造"的社殿配置样式，祭神为日本武尊的妃子、建立神社供奉草薙剑的宫簧媛。

也有说法认为神社所在地是宫簧媛的宅邸遗迹。

冰上姊子神社（爱知县）

关于三种神器

三种神器位于何方？
三种神器分别供奉在不同的地方，皇居中收藏着替代物。下图仅供参考。

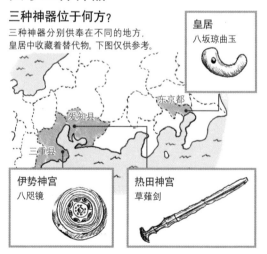

皇居
八坂琼曲玉

东京都

爱知县

三重县

伊势神宫
八咫镜

热田神宫
草薙剑

所在地：爱知县名古屋市热田区神宫 1-1-1。　创建年代：景行天皇 43 年。　主祭神：热田大神。　小贴士：素盏呜尊用天羽斩对付八岐大蛇，斩断蛇尾时，天羽斩碰到了某种坚硬的东西，刃部受损。素盏呜尊撕开蛇尾一看，露出了天丛云剑（后为草薙剑）。
[①]有说法认为，八岐大蛇象征泛滥的河川。日本各地都有类似信仰，认为蛇是水之神，例如经常被供奉在水边的弁财天就是白蛇的化身。草薙剑是从八岐大蛇的尾部取出的，最初称为"天丛云剑"，因为八岐大蛇出现时常有云层相伴。

改建成神明造的热田神宫

本宫原为尾张造，因为供奉着草薙剑，于是在明治年间改成了与伊势神宫一样的神明造。

外玉垣御门与相邻的四寻殿合称拜殿。拜殿后方建有本殿。

拜殿(外玉垣御门)

过去为尾张造

尾张造的建筑特点为门、蕃塀、拜殿、祭文殿、钓渡廊和本殿排列成一条直线。从祭文殿两侧伸出的回廊将本殿围起。这属于尾张地区独特的社殿配置。

开阔的空间

热田神宫境内空间开阔，建有包括本宫在内的45座社殿。

天孙降临御神火祭

雾岛神宫(见第47页)大祭源自"天孙降临"的故事，持有三种神器的琼琼杵尊来到世间。

高千穗峰山顶(鹿儿岛县)

人们在神社庭院中点起篝火，将写有心愿并在神前供奉过的绘马和神札投入火中燃烧。

祭典中人们立起火柱，这源自用火作路标迎接琼琼杵尊的故事，火是在神篱斋场以钻木的方式点燃的。

举行祭典的古宫址

除了高千穗峰，旧雾岛神宫所在地(古宫址)也会举行祭典。

神明鸟居，没有社殿。

高千穗峰

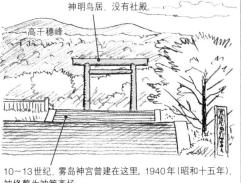

10~13世纪，雾岛神宫曾建在这里。1940年(昭和十五年)，被修整为神篱斋场。

高千穗河原古宫址(鹿儿岛县)

近代国家供奉的神明：天皇

明治神宫（东京都）

　　明治天皇通过明治维新和推行近代化使日本获得了巨大发展，他于 1912 年（明治四十五年）去世，被安葬在伏见桃山陵。为了使其伟业流传后世，人们创建了明治神宫。

　　随着明治年间近代国家的建设，日本出现了歌颂天皇功绩并将其奉为祭神的神社，祭祀桓武天皇的平安神宫（见第 73 页）就是其中的代表，在日本的海外殖民地也有人会祭祀天皇和皇族。

　　虽然近世[①]以前也有祭祀天皇的神社，但都建在天皇的出生地或陵墓所在地，还没有出现过举国祭祀的现象。

祭祀达成大业的明治天皇

流造的社殿
何种样式的社殿更适合供奉明治天皇？经过商讨后，本殿最终选定了流造。最初的本殿已在战争中烧毁，现在的社殿于 1958 年（昭和三十三年）重建，主材和创建时一样，选用了扁柏。

安葬在京都
明治天皇的陵墓（伏见桃山陵）位于京都市伏见区。

鸟居属于神明鸟居，没有上色（见第 15 页）。

陵墓模仿古代样式，上圆下方，采用了土葬。

伏见桃山陵（京都府）

内拜殿

内拜殿
现在的明治神宫有两座拜殿。位于外拜殿后方的内拜殿最初并不存在，是二战后重建时加建的。人们一般在外拜殿的外侧参拜。

所在地：东京都涩谷区代代木神园町 1-1。　　创建年代：1920 年。　　主祭神：明治天皇、昭宪皇太后。　　小贴士：为了创建明治神宫，1913 年（大正二年）12 月成立了神社奉祀调查委员会。除了建材和建筑样式，委员会还就选址进行了商议，据说曾有人提议将明治神宫建在富士山山顶或箱根山。

①日本的近世，是从 16 世纪中期到 1868 年明治维新。

东京市民发起运动创建的明治神宫

明治天皇去世后，东京市民发起了"愿在东京建设神宫"的请愿活动，随后明治神宫通过全国青年团的义务劳动建造完成。现在，每年12月31日到翌年1月3日，到明治神宫进行初诣[①]的人数排全日本第一。

70万平方米！巨大的明治神宫

明治神宫的社殿建在广阔的森林中，在都市里创造了一个神圣空间。明治神宫创建时曾人工种植了10万棵树，由此形成了森林，当时设计者是"日本公园之父"本多静六等人。

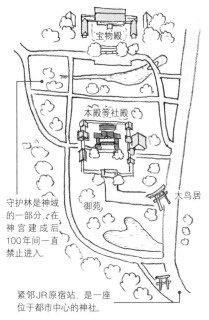

守护林是神域的一部分，在神宫建成后100年间一直禁止进入。

紧邻JR原宿站，是一座位于都市中心的神社。

参道上有3座鸟居

参道上共有3座鸟居，均为明神鸟居（见第14页），建材使用的是台湾扁柏。图为楼门前的三之鸟居。

未施色彩，附有金属制菊纹装饰。

楼门另一侧就是社殿。经过三之鸟居即是入口。

宝物殿为重要文化财

陈列着明治天皇和皇后的日用品、喜爱的书籍等。

校仓风建筑，采用钢筋混凝土修建，模仿了正仓院的校仓造。屋顶为切妻造。

明治天皇和皇后
天皇象征着近代国家威严，受到人们敬畏。

昭宪皇太后（1849～1914）　明治天皇（1852～1912）

①即初次参拜。日本人每年最后一天到新年前三天会前往神社寺院进行参拜。

成为神明的战国武将

日光东照宫（栃木县）

日光东照宫供奉着东照大权现，也就是德川家康，其社殿由第三代将军德川家光住持修建，采用了当时最高级别的建材和技术。

此外，以丰臣秀吉为祭神的京都丰国神社也是一座祭祀武将的神社。这里也曾以豪华的社殿为傲，但在决定成败的"大阪夏之阵"后，被江户幕府剥夺了神号，社殿也废弃了，直到明治时代才在天皇的主持下得以重振。从江户时代到明治时代，日本各地纷纷建起了供奉武将的神社，例如供奉织田信长的建勋神社（京都府）、供奉上杉谦信的上杉神社（山形县）和供奉真田幸村的真田神社（长野县）。

穷尽建筑技术精华的日光东照宫

祭祀德川家康的圣域：奥宫
据说奥宫拜殿只有将军才能进入

镶有铜板，从上到下涂漆。

以黑色为主色调，设计风格沉稳。与其他建筑迥然不同，这正是奥宫的特点。

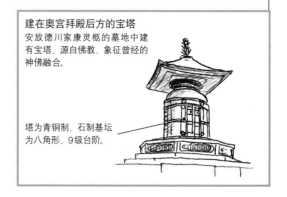

建在奥宫拜殿后方的宝塔
安放德川家康灵柩的墓地中建有宝塔，源自佛教，象征曾经的神佛融合。

塔为青铜制，石制基坛为八角形，9级台阶。

明治天皇推动创建"武将神社"

明治天皇曾大力推动创建祭祀战国武将的神社，比如修建供奉织田信长的建勋神社，重建丰国神社。这一方面肯定了战国大名们的功绩，另一方面也彰显了他们对天皇的忠心。

所在地：栃木县日光市山内 2301。　创建年代：1617 年。　主祭神：德川家康。　小贴士：日光东照宫的唐门横宽 3 米、纵深 2 米，规模较小，在江户时代，只允许拥有"御目见得"权利（直接拜见将军的权利）的身份高贵者通行。如今唐门为日本国宝，仍然只有身份特别的参拜者可以通行。

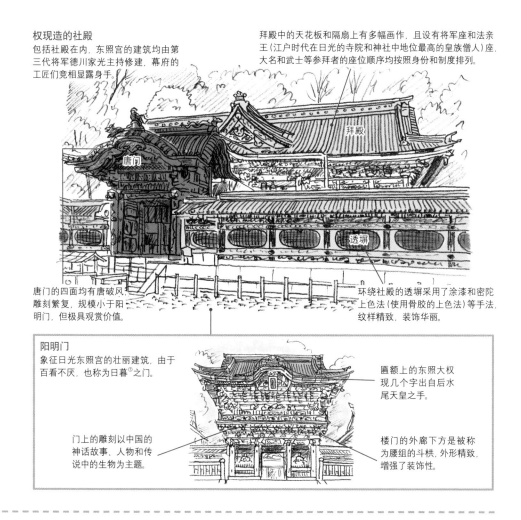

权现造的社殿

包括社殿在内，东照宫的建筑均由第三代将军德川家光主持修建，幕府的工匠们竞相显露身手。

拜殿中的天花板和隔扇上有多幅画作，且设有将军座和法亲王（江户时代在日光的寺院和神社中地位最高的皇族僧人）座，大名和武士等参拜者的座位顺序均按照身份和制度排列。

唐门的四面均有唐破风，雕刻繁复，规模小于阳明门，但极具观赏价值。

环绕社殿的透塀采用了涂漆和密陀上色法（使用骨胶的上色法）等手法，纹样精致，装饰华丽。

阳明门

象征日光东照宫的壮丽建筑，由于百看不厌，也称为日暮①之门。

匾额上的东照大权现几个字出自后水尾天皇之手。

门上的雕刻以中国的神话故事、人物和传说中的生物为主题。

楼门的外廊下方是被称为腰组的斗栱，外形精致，增强了装饰性。

祭祀丰臣秀吉的丰国神社

明治维新后重振神社时，人们从南禅寺塔头之一的金地院移来了唐门。

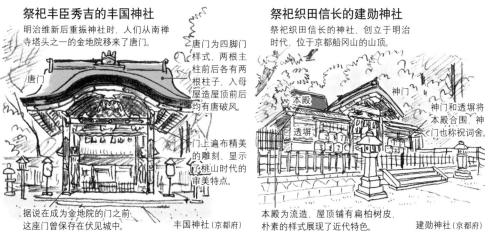

唐门为四脚门样式，两根主柱前后各有两根柱子，入母屋造屋顶前后均有唐破风。

门上遍布精美的雕刻，显示了桃山时代的审美特点。

据说在成为金地院的门之前，这座门曾保存在伏见城中。

丰国神社（京都府）

祭祀织田信长的建勋神社

祭祀织田信长的神社，创立于明治时代，位于京都船冈山的山顶。

神门和透塀将本殿合围，神门也称祝词舍。

本殿为流造，屋顶铺有扁柏树皮，朴素的样式展现了近代特色。

建勋神社（京都府）

①日语意为"终日、一整天"。

95

神社的神架上放有各式各样的祭具和神具，都是祭祀神明时不可或缺的。首先是"注连绳"，象征着清净场所的界线，除了神架，还可在社殿和鸟居处看到。

通常，正面面对注连绳时，从左向右顺时针捻绳，中间可以加入"纸垂"。纸垂是用纸或布制作的币帛，不同流派的纸垂造型各有特点。常绿树"榊"①的枝叶常用于祭神仪式，除了供在"榊立"中，还可以加上纸垂做成"玉串"。此外，在扁柏棒前端附上榊，挂上5种颜色的丝绸和镜子、玉、剑，即是"真榊"。

神前的云形台上放置有"神镜"、摆着神具和供品的"八足案"，以及狮子或狛犬、盾和矛等。其中八足案上除了玉串，还有"大币"（神具之一，用纸或麻做成，按照左、右、左的顺序挥动，用来驱除罪恶与污秽）、"神乐铃"以及盛有上供食物的盆状"折敷"。右图中的折敷带脚，也有很多不带脚，上

面放着装神酒的瓶子、装水的水玉（水器）和盛放上供食物的高盘。

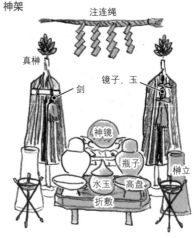

神架

注连绳

真榊

剑

镜子、玉

神镜

瓶子

水玉

高盘

折敷

榊立

篝火

神架前陈列的物品

人们将榊的枝叶插入榊立，在高盘中摆放上供的食物，以此祭祀神明。
这样的神架不仅见于神社，普通家庭中也有。

真榊

神镜

御币

大币

狮子·狛犬

盾

神乐铃

八足案

社殿内的场景，大大小小的八足案上放有神具和供品。

①即杨桐。

第 **5** 章

神社的组成体系

　　"稻荷先生"，在神明的名号后面加上"先生"二字，尽显尊敬与亲切。如今，人们之所以觉得神明就在身边，也是因为神社的分社数量众多。本章将介绍传播至日本各地的著名神社和信仰，其庞大的数量证明了这些神明的极高人气，以及人们对神明的需求。

神通广大的稻荷信仰

伏见稻荷大社（京都府）

　　伏见稻荷大社供奉着宇迦之御魂大神、大宫能卖大神、佐田彦大神、四大神和田中大神共5位神明，合称稻荷大神，是日本3万多座稻荷神社的总本社，红色鸟居排列形成的"千本鸟居"和供奉在山中的祠堂、狐狸像闻名世界。稻荷信仰最初诞生于人们对谷物和食物的崇敬[1]，后来稻荷大神被尊为产业振兴和生意兴隆的神明，还是宅地的守护者，可谓神通广大[2]。在供奉稻荷神的神社中，狐狸是神的使者，各种雕像造型丰富，还携带着各式各样的宝物。

遍布日本的"稻荷先生"的中心

壮丽的总本社
伏见稻荷大社是稻荷神社的总本社，矗立着许多气派的建筑，包括流造的巨大本殿、左右各有回廊的楼门、奥宫和外拜殿等。

很多神社的建筑都为红色，伏见稻荷大社的红色象征着稻荷神的神德，表示"五谷丰登"。

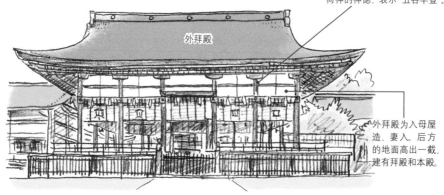

外拜殿

外拜殿为入母屋造、妻入。后方的地面高出一截，建有拜殿和本殿。

鸟居为供品
稻荷神社中供奉的鸟居有双重含义，一是人从其下方"通过"，二是"愿望达成"。

从711年（和铜四年）2月的第一个午日（初午）稻荷大社坐镇于稻荷山开始，初午就成了稻荷神社的祭祀之日。

稻荷山的"标记杉"
本殿后方是祭神所在的稻荷山。在"初午大祭"中，人们会收到作为参拜标记的杉叶（"标记杉"）。

附带御币的"标记杉"寓意生意兴隆。

过去人们在熊野参拜前后会到伏见稻荷大社参拜[3]，并将得到的杉树小枝戴在身上。

所在地：京都府京都市伏见区深草薮之内町68。　　创建年代：和铜年间（708～715年）。　　主祭神：稻荷大神。　　小贴士：堪称伏见稻荷大社象征的鸟居排列在稻荷山的入口附近。自古以来，稻荷山一直被视作神明降临之地，人们立起鸟居，作为通向圣地的入口。据说伏见稻荷大社有多达1万座鸟居。
①稻荷意为"稻谷成熟"，是表示米乃至食物之神明德的词。②稻荷信仰借由真言宗的僧人和巫女等在民间传播，后演变成了多方面的守护者。③据说，稻荷神派遣护法童子（高僧或山伏使唤的神灵）守护着熊野参拜途中的人们。

供奉遍布日本的谷灵与食物之神，狐狸为神使

稻荷信仰的神社一般以保食神、御食津神等谷灵和食物之神为主祭神。狐狸作为神的使者，分布在神社各处。也有的地方祭祀着"九尾狐"化身而成的美女"玉藻前"。

神使是狐狸

叼着稻束的狐狸象征丰收。

叼着卷轴（佛教经典）。

叼着钥匙的狐狸。这是仓库的钥匙，象征富贵、丰收和心想事成。

叼着宝珠的狐狸。宝珠代表诸事顺遂。

伏见稻荷大社的狐狸

寺院里的稻荷先生：丰川稻荷

丰川稻荷（妙严寺）的祭神为叱枳尼天[1]。在神佛融合思想的影响下和稻荷神同为一体。

1930年（昭和五年）竣工，建材全部为榉树。

丰川稻荷（爱知县）

入母屋造、妻入，规模宏大，正面有附带唐破风的向拜，左右两侧还有片流向拜。

九州的稻荷神社：祐德稻荷

藩主锅岛直朝的夫人万子媛请来稻荷大神，创建了神社。

本殿

以仓稻魂命等3位神明为主祭神。

祐德稻荷神社（佐贺县）

山崖上有由柱梁组合成的悬造，上方建有入母屋造本殿。设计者为建筑家角南隆，他终生都在钻研神社建筑。

祭祀海神的大间稻荷

稻荷大神过去曾被称为百泷稻荷大明神。

1883年（昭和十六年）移至现地，拜殿为入母屋造，附有千鸟破风和带唐破风的向拜。

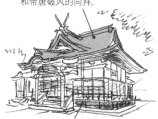

将仓稻魂命作为稻荷大神供奉，与来自中国的航海与渔业之神妈祖等合祀。

大间稻荷神社（青森县）

从海中出现的波除稻荷

据传稻荷大神的神体出现于大海之中。

1937年（昭和十二年）创建，拜殿为切妻造、妻入，后方为神明造本殿。

据传江户时代，人们曾在此祭祀海中出现的神体，强风大浪立刻平息，筑地的填海工程得以顺利进行，波除一名由此得来。

波除神社（东京都）

平息大海的穴守稻荷

创建于19世纪初，供奉食物神丰受大神。

因羽田机场扩建而迁至现址，设计者为著名建筑史家、建筑师大冈实。

据传人们在开垦新田地时，堤坝决口，开垦工作停滞不前，于是请来稻荷神平息，因此被称为穴守稻荷。

穴守稻荷神社（东京都）

①叱枳尼天在日本的真言密教中被视为阎魔天的随从，与稻荷神融合后，被赋予商业繁荣的神德。

航海的守护神：住吉先生

住吉大社（大阪府）

　　住吉大社供奉着合称住吉三神的底筒男命、中筒男命和表筒男命以及神功皇后。从伊奘诺尊的净身（见第 36 页）中生出的住吉三神曾指引神功皇后远征朝鲜半岛、征伐新罗国，自古以来就是航海神[①]。颇有意思的是，日本各地的住吉神社都位于从大阪到对马的航线，也就是通向大陆的交通路线上，这也象征了其作为航海神的身份。住吉大社本殿采用住吉造，是从古代流传至今的建筑样式，社殿配置与众不同。神社内矗立着商人们供奉的石灯笼，可见住吉大神作为贸易之神同样受到人们崇敬[②]。

前往对马的航线起点

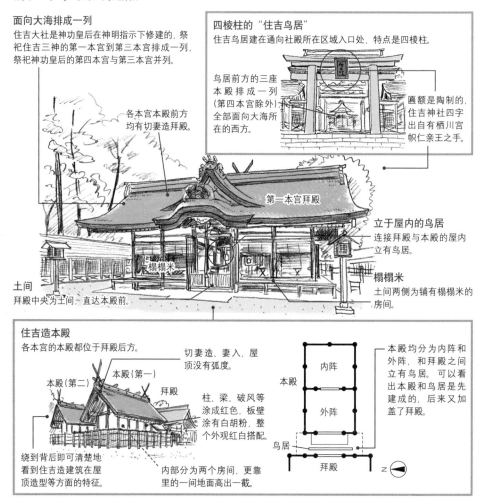

面向大海排成一列
住吉大社是神功皇后在神明指示下修建的，祭祀住吉三神的第一本宫到第三本宫排成一列，祭祀神功皇后的第四本宫与第三本宫并列。

四棱柱的"住吉鸟居"
住吉鸟居建在通向社殿所在区域入口处，特点是四棱柱。

鸟居前方的三座本殿排成一列（第四本宫除外）全部面向大海所在的西方。

匾额是陶制的，住吉神社四字出自有栖川宫帜仁亲王之手。

各本宫本殿前方均有切妻造拜殿。

第一本宫拜殿

立于屋内的鸟居
连接拜殿与本殿的屋内立有鸟居。

榻榻米
土间两侧为铺有榻榻米的房间。

土间
拜殿中央为土间，直达本殿前。

住吉造本殿
各本宫的本殿均位于拜殿后方。

切妻造、妻入，屋顶没有弧度。

本殿（第二）　本殿（第一）　拜殿

柱、梁、破风等涂成红色，板壁涂有白胡粉，整个外观红白搭配。

绕到背后即可清楚地看到住吉造建筑在屋顶造型等方面的特征。

内部分为两个房间，更靠里的一间地面高出一截。

内阵

本殿

外阵

鸟居

拜殿

本殿均分为内阵和外阵，和拜殿之间立有鸟居。可以看出本殿和鸟居是先建成的，后来又加盖了拜殿。

所在地：大阪府大阪市住吉区住吉 2-9-89。　创建年代：神功皇后十一年。　主祭神：住吉三神、神功皇后。　小贴士：住吉大社每年 6 月都要举行御田植祭典，体现出住吉信仰中有农耕神的一面，这一点来自住吉大神曾经教授育苗方法的传说。此外，住吉大神还涉及和歌、武运等方面，范围很广。

[①]据《日本书纪》记载，在海上往返均平安无事的神功皇后从朝鲜半岛凯旋，为了感激住吉三神的守护，在摄津国（大阪）创建了住吉神社（后来的住吉大社）。[②]供奉在参道旁的石灯笼超过 600 座，特征是体积巨大，有的甚至高过 5 米，也称"住吉灯笼"。

住吉神社是三韩征伐的印记

全日本约有600座供奉住吉三神的神社，几乎都位于从大阪经濑户内海和山口前往北九州的福冈乃至壹岐、对马一线，这正是神功皇后三韩征伐的路线。

三大住吉神社之一：福冈的住吉神社

住吉神诞生之地，日本第一座住吉神社，又称日本第一住吉宫。

在住吉三神之外，还供奉着圣宫皇后和天照大神。

住吉神社（福冈县）

拜殿为入母屋造，后方的本殿为住吉造，由透塀环绕。

三大住吉神社之一：下关的住吉神社

神功皇后在神明指示下主持修建。

本殿由5座流造建筑相连构成，每两座建筑之间也都有房间，称为九间社流造。

拜殿

本殿

住吉神社（山口县）

本殿的祭神除了住吉三神的荒魂，还有应神天皇和神功皇后共5位神明。

拜殿位于本殿中央，为切妻造、妻入，由毛利元就主持修建。

与住吉三神同时供奉的神功皇后

神功皇后的儿子应神天皇被认为与八幡神（见第106页）同体，因此神功皇后也被供奉在各地的八幡宫中，此外，在神佛融合时代还被尊为圣母大菩萨。

神功皇后领兵进攻新罗时怀有身孕，所怀的孩子正是后来的应神天皇。

神功皇后

神功皇后根据住吉三神的指示出兵新罗。在海神安昙矶良的护佑下，三韩征伐取得胜利。

三大住吉神社之一：宫崎的住吉神社

据传这里是伊奘诺尊从黄泉返回时净身生出住吉三神的场所，名为"元宫"。

意指元宫的符号"元"。

直观表现元宫的神纹。

拜殿为切妻造、平入，附有千鸟破风，向拜附有唐破风。后方的本殿为切妻造、妻入。

住吉神社（宫崎县）

武、猎、风之神：诹访信仰

诹访大社（长野县）

　　诹访大社由上社本宫、前宫和下社春宫、秋宫共4社组成。上社和下社分别以山和神木为神体，不设本殿，保留了古老的祭祀形态，每6年一次的御柱祭非常有名。上社本宫供奉建御名方神，前宫供奉他的妃子八坂刀卖神，下社则同时供奉两位神[1]。

　　在御柱祭的前一年，会举行将"薙镰"钉入木头的仪式。鸟形的薙镰与意为风平浪静的"凪"字相通，人们认为它可以平息风暴，神明也因此具备了驱除台风的力量。

　　遍布日本各地的末社多以诹访为名，但也有的神社因祭神之名称南方神社。[2]

代替本殿的神木

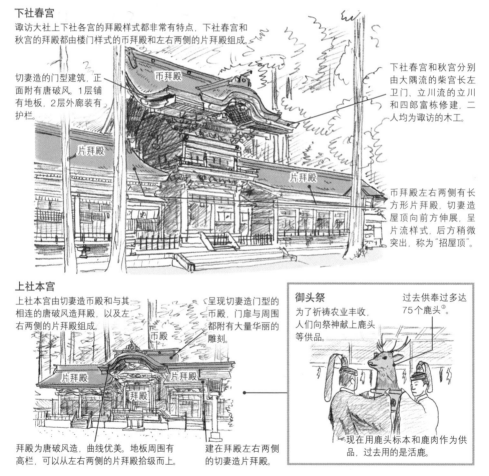

下社春宫

诹访大社上下社各宫的拜殿样式都非常有特点，下社春宫和秋宫的拜殿都由楼门样式的币拜殿和左右两侧的片拜殿组成。

切妻造的门型建筑，正面附有唐破风。1层铺有地板，2层外廊装有护栏。

币拜殿

片拜殿

片拜殿

下社春宫和秋宫分别由大隅流的柴宫长左卫门、立川流的立川和四郎富栋修建，二人均为诹访的木工。

币拜殿左右两侧有长方形片拜殿，切妻造屋顶向前方伸展，呈片流样式，后方稍微突出，称为"招屋顶"。

上社本宫

上社本宫由切妻造币殿和与其相连的唐破风造拜殿，以及左右两侧的片拜殿组成。

呈现切妻造门型的币殿，门扉与周围都附有大量华丽的雕刻。

币殿

片拜殿

片拜殿

拜殿

拜殿为唐破风造，曲线优美。地板周围有高栏，可以从左右两侧的片拜殿拾级而上。

建在拜殿左右两侧的切妻造片拜殿。

御头祭

为了祈祷农业丰收，人们向祭神献上鹿头等供品。

过去供奉过多达75个鹿头[3]。

现在用鹿头标本和鹿肉作为供品，过去用的是活鹿。

所在地：长野县诹访市中洲宫山1（本宫），茅野市宫川2030（前宫），诹访郡下诹访町193（春宫），诹访郡下诹访町5828（秋宫）。创建年代：不明。　主祭神：建御名方神、八坂刀卖神。　小贴士：也有说法认为诹访信仰起源于龙神或灵蛇信仰（诹访明神），本宫拜殿、币殿、片拜殿等为日本重要文化财。

①武瓮槌神从天上之国高天原降到地面，就让出苇原中国支配权一事与大国主神进行交涉，建御名方神向他发起挑战试比力量，失败后逃跑，最终的落脚地据传就是诹访。②祭神建御名方神在《延喜式》神名帐里作南方刀美神。③据说其中必然会有耳朵受伤开裂的"耳裂鹿"，是神明用矛抓鹿时留下的伤痕。

献给诹访神的祭典

诹访神是广为人知的狩猎与农耕之神，在中世（指镰仓、室町时代）也曾被奉为军神。
全日本的诹访神社都会配合6年1次的御柱祭举行祭典。

诹访大社的御柱祭

从山中砍伐搬运出来的大树分别立在4座神社中心部的四角。关于御柱的意义和起源众说纷纭。

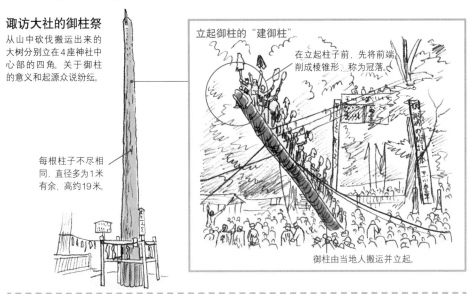

立起御柱的"建御柱"

在立起柱子前，先将前端削成棱锥形，称为冠落。

御柱由当地人搬运并立起。

每根柱子不尽相同，直径多为1米有余，高约19米。

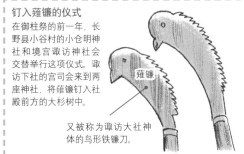

钉入薙镰的仪式
在御柱祭的前一年，长野县小谷村的小仓明神社和境宫诹访神社会交替举行这项仪式。诹访下社的宫司会来到两座神社，将薙镰钉入社殿前方的大杉树中。

薙镰

又被称为诹访大社神体的鸟形铁镰刀。

挑选御柱
在山中选定御柱祭所立御柱的仪式。

御柱均选用冷杉。在祭典前一年，选择直径和高度符合要求的冷杉备用，然后在祭典当年正式选定。

献给诹访神的长崎九月九

江户复兴后建造的镇西大社诹访神社社殿在1857年（安政四年）毁于火灾，1869年（明治二年）重建，1982年（昭和五十二年）又进行了扩建。

拜殿后方的回廊与祝词殿相连，最里面是入母屋造的本殿。

拜殿为入母屋造，正面附有向拜。

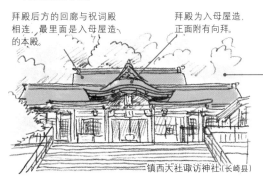

镇西大社诹访神社（长崎县）

长崎九月九
充满异国风情的祭典，向诹访神献上舞蹈等表演。

在船形花车中，龙船是重要看点之一。

从常陆到都城的春日信仰

春日大社（奈良县）

春日大社位于奈良县御盖山山麓。当年，藤原氏将本族氏神武瓮槌神、经津主神、天儿屋命和姬神请至奈良，春日信仰由此逐渐形成[1]。

在中世，春日大社与兴福寺（奈良县）关系密切，人们为春日神冠以慈悲万行菩萨的佛名。信仰春日神的人死后必会前往极乐世界的故事也广为流传，许多平民成了虔诚的信徒。

到了室町时代，将春日大社的春日神、伊势神宫（见第108页）的天照大神和石清水八幡宫的八幡神这3个神号写在同一张纸上的"三社托宣"流传开来，各地都组织起"春日讲"[2]，建起春日神社。

祈祷国家繁荣的春日大社

国宝本殿
现在的本殿为1863年（文久三年）修建的，在此之前本殿每20年按照原样重建一次。每当此时，原有的社殿会让给以奈良为中心的其他神社，意在增强神社之间的联系。

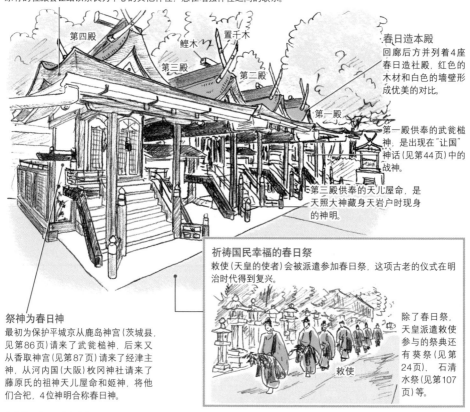

第四殿

鲣木　置千木

第三殿

第二殿

第一殿

春日造本殿
回廊后方并列着4座春日造社殿，红色的木材和白色的墙壁形成优美的对比。

第一殿供奉的武瓮槌神，是出现在"让国"神话（见第44页）中的战神。

第三殿供奉的天儿屋命，是天照大神藏身天岩户时现身的神明。

祭神为春日神
最初为保护平城京从鹿岛神宫（茨城县，见第86页）请来了武瓮槌神，后来又从香取神宫（见第87页）请来了经津主神，从河内国（大阪）枚冈神社请来了藤原氏的祖神天儿屋命和姬神，将他们合祀，4位神明合称春日神。

祈祷国民幸福的春日祭
敕使（天皇的使者）会被派遣参加春日祭，这项古老的仪式在明治时代得到复兴。

敕使

除了春日祭，天皇派遣敕使参与的祭典还有葵祭（见第24页）、石清水祭（见第107页）等。

所在地：奈良县奈良市春日野町160。　创建年代：768年。　主祭神：春日神。　小贴士：由藤原氏创建的春日大社与和藤原氏相关的兴福寺关系密切。在平安时代，兴福寺曾握有春日大社的实权，并于1135年（保延元年）在境内建起春日若宫社。春日大社的4栋本殿为日本国宝。

[1]藤原氏的祖先是常陆国的豪门，与鹿岛神宫关系密切，因此春日大社与鹿岛神宫一样供奉武瓮槌神。[2]举着绘图等进行礼拜后，再全员前往春日大社参拜。

本地垂迹的象征：春日大社

在中世的本地垂迹说（见第66页）的影响下，春日神的本地佛为慈悲万行菩萨。
春日大社创建以前，社殿所在地曾供奉着摄社榎本神社的祭神[①]。

春日大社南门

如今看到的春日大社结构与平安时代前期无异，但过去以南门为代表的回廊之门和本殿前中门所在的位置原本曾是鸟居，回廊曾为瑞垣。后来的变化受到了寺院建筑的影响。

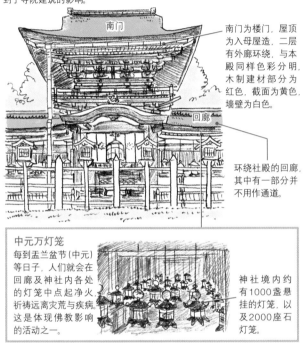

南门为楼门，屋顶为入母屋造，二层有外廊环绕，与本殿同样色彩分明，木制建材部分为红色，截面为黄色，墙壁为白色。

环绕社殿的回廊，其中有一部分并不用作通道。

中元万灯笼
每到盂兰盆节（中元）等日子，人们就会在回廊及神社内各处的灯笼中点起净火，祈祷远离灾荒与疾病。这是体现佛教影响的活动之一。

神社境内约有1000盏悬挂的灯笼，以及2000座石灯笼。

春日神鹿的真身

神使鹿的身上驮着代表神与佛的神体，是神佛融合思想的具象化[详见美术馆（京都府）藏]。

杨桐枝上挂有圆月，基于本地垂迹说的佛像以细纹雕刻的方式呈现在"镜"上。

云表现了神鹿飞起来的场面。

据传祭神武瓮槌神正是骑着白鹿从鹿岛飞来的。鹿与武瓮槌神的关系（见第86页）始于"让国"神话。

并非只有春日神社供奉春日神

元春日：枚冈神社

春日大社的天儿屋命和姬神是从枚冈神社请来的，所以枚冈神社也称元春日。这里还同时祭祀武瓮槌神和经津主神。

中门和透塀后方并列着4栋春日造本殿。

枚冈神社（大阪府）

分社：吉田神社

供奉平安京的守护者、藤原氏的氏神，是春日大社的分社。

4座社殿并立构成本殿，与春日大社同为春日造。

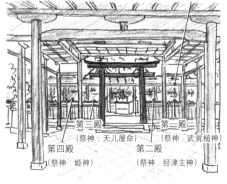

第三殿（祭神：天儿屋命）　第一殿（祭神：武瓮槌神）
第四殿（祭神：姬神）　第二殿（祭神：经津主神）

吉田神社（京都府）

①春日大社社殿所在地的豪门春日氏曾经祭祀的地主神。

与佛教相关的八幡信仰

宇佐神宫（大分县）

宇佐神宫是供奉八幡神[①]的总本社，自古以来深受朝廷尊崇（见第58页）[②]。从宇佐神宫请神创建的京都石清水八幡宫也因供奉皇室祖先受到崇敬。石清水八幡宫以出身皇族的源氏为守护神，因此八幡神也为武门[③]之神。八幡神与佛教关系深厚[④]，将生物放归自然的"放生会"仪式就源于佛教禁止杀生的思想，八幡神的形象也是僧人。

日本各地的八幡神社多为从宇佐、石清水、鹤冈（镰仓）请神创建的，武士领地上的八幡神社多请自鹤冈。

八幡信仰的总本社：宇佐神宫

日本八幡宫的根基
除了本殿所在的"上宫"，"下宫"同样供奉着3位神明。本殿为"八幡造"，由切妻造、平入的奥殿和前殿相连组成，两者间的雨水管仿佛将两者的房檐前端连在了一起。

3座并列的本殿
3位神明镇守在各自的社殿中，"一之御殿"供奉的是八幡大神。

入母屋造。

一之御殿

二之御殿

申殿

奥殿（内院）

前殿（外院）

金色的雨水管。

上宫的入口：南中楼门
本殿所在的区域称为上宫，正面入口是南中楼门。上宫有回廊环绕。

南中楼门

入母屋造二层楼门，一般的参拜者都在这里参拜。

回廊

回廊

门的左右两侧供奉着守护神（门守神）高良大明神和阿苏大明神，两者都是九州大社的祭神。

回廊处正对本殿的位置建造了拜所。

所在地：大分县宇佐市南宇佐2859。　创建年代：725年。　主祭神：八幡大神、比卖大神、神功皇后。　小贴士：明治年间的神佛分离令废除了本地佛的神号"八幡大菩萨"，但这一称呼在民间仍然根深蒂固。本殿为日本国宝。
①一般将第15代应神天皇、神功皇后、姬或仲哀天皇共3神合称八幡神。②八幡神原为九州的地方神，大和朝廷平定各地时，曾在九州与隼人的战斗中祈求八幡神的护佑。③意指武家，即武士家族。④宇佐神宫的缘起书《八幡宇佐御托宣集》中记载了神佛的融合。

与佛融合的"八幡大菩萨"

据传说，东大寺（奈良县）修建大佛时，宇佐的八幡神曾经予以协助，显示出八幡信仰与佛教之间极强的融合色彩。在各地供奉八幡神的神社中也可以看到诸如"放生会"等佛教遗痕。

宇佐神宫是放生会的发源地

八幡神曾亲自出兵讨伐隼人[1]。为了安抚他们的灵魂，人们将生物放归自然（放生），这就是放生会的由来。

放归大海的是一种名为"放逸短沟蜷"的螺。这一举动源自佛教禁止杀生的戒律。

日本三大八幡宫：八幡的八幡先生

石清水八幡宫位于八幡市。楼门为1634年（宽永十一年）德川家光下令重建的。

楼门

楼门为入母屋造，左右有回廊连接，将本殿环绕其中。

回廊

人们在楼门前的唐破风造拜所进行参拜。

石清水八幡宫（京都府）

石清水八幡宫的放生会

在定期举行"石清水祭"的放生会中，人们会在放生后跳起"蝴蝶之舞"。

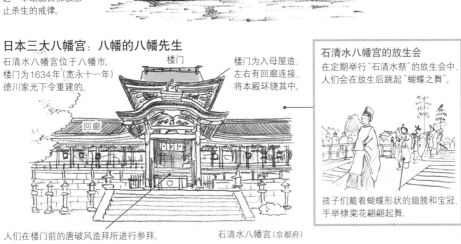

孩子们戴着蝴蝶形状的翅膀和宝冠，手举棣棠花翩翩起舞。

三大八幡宫之一：筥崎宫

位于玄界滩附近，供奉八幡神，因放生会闻名。

楼门

回廊

元朝进攻日本时，龟山上皇曾在此祈福并挂起写有"敌国调伏"的匾额。

回廊从楼门左右两侧伸出，环绕着本殿和拜殿。

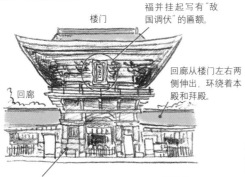

入母屋造的楼门。

筥崎宫（福冈县）

八幡神墓旁：誉田八幡宫

人们在被视为八幡神的应神天皇陵墓前修建了这座神社。

应神天皇为主祭神，社名来自应神天皇的谥号誉田别尊。

拜殿为入母屋造，设有通向内部的通道，通道处可见唐破风的向拜。中央设有土间通道的拜殿称为割拜殿

中央通道称为马道。

誉田八幡宫（大阪府）

①古代居住在日本九州南部的民族。

皇室与民众皆向伊势

伊势神宫（三重县）

伊势神宫的正式名称就是"神宫"，非常简洁。内宫皇大神宫祭祀天照大神，外宫丰受大神宫祭祀丰受大神。

伊势信仰在民间的传播始于江户时代，当时的"御师"就相当于信仰者和参拜者的导游，对信仰的推广起到了极大作用。他们组织起名为伊势讲的参拜者团体，让参拜者在自家住宿，参拜伊势神宫。

江户时代，每 60 年一次集体参拜伊势神宫的"荫参"风靡一时，一共进行了 3 次，参拜者依靠沿途人们的施舍前往伊势。

纯粹的造型是神宫的特征

外宫正宫
丰受大神宫（外宫）祭祀食物之神丰受大神。

神明鸟居（见第15页），也称板垣南御门。

内外宫每20年会在相邻的空地上重建（称式年造替），意在维护建筑、传承技术、保持清净。

外玉垣南御门

板垣

板垣。与本殿之间还有外玉垣、内玉垣和瑞垣。

内宫正宫
皇大神宫称为内宫，供奉天照大神。

内外宫均设有朴素的神明鸟居。

外玉垣南御门

板垣

外玉垣南御门内侧还有两道门，后方建有正殿（本殿）。正殿为切妻造、平入的神明造。茅草屋顶上的千木和鲣木以及掘立柱采用了古代的样式。妻侧立有支撑栋木①的栋持柱。外廊高栏的柱子上饰有"五色座玉"。

杨桐枝叶上附带木棉②和神垂③，象征内部为清净的神域。

所在地：三重县伊势市宇治馆町 1（内宫）、伊势市丰川町 279（外宫）。 创建年代：垂仁天皇二十六年（内宫）、雄略天皇二十二年（外宫）。 主祭神：天照大御神（内宫），丰受大御神（外宫）。 小贴士：伊势神宫的外宫自创建以来，每天早晚都会举行一次"日别朝夕大御馔祭"，向神献上食物，1500 年间从未间断。

①三角形屋顶最上方贯通整栋房子构成屋脊的梁木。②用楮树的树皮纤维制成的丝状物。③即纸垂，挂在杨桐树枝或注连绳上。

狂热的伊势参拜：“荫参”

伊势御迁宫参拜群众之图（歌川贞秀）
自古以来，式年迁宫的第二年称"荫年"，参拜者摩肩接踵。

浪花讲的"伊势道中记"

伊势参拜者的实用指南。

扩展到全日本的伊势信仰

请至各地的神明社和大神宫①大多继承了伊势神宫社殿和鸟居的样式。

仁科神明宫：保存了最古老的神明造

仁科在历史上曾是伊势内宫的领地，人们为了守护当地而请神创社。本殿为现存最古老的神明造。

与伊势神宫同为神明造，但有多处不同，比如屋顶为扁柏皮葺成（伊势神宫为茅草葺）、柱子建在基石之上（伊势为掘立柱）、栋持柱与地面垂直（伊势向内侧倾斜）等。

鞭挂②

栋持柱

中门（前殿）

本殿

切妻造，附有千木、鲣木和鞭挂。

连接本殿与中门的钓屋。

仁科神明宫（长野县）

祭祀多位神明的北方大神宫

山上大神宫的主祭神为天照大神和丰受大神等神明，据传为室町时代的修验者创建。

拜殿为神明造，前方有切妻造、妻入的拜所，1932年（昭和七年）竣工。

山上大神宫（北海道）

东北的伊势先生

开成山大神宫是在明治时代进行土地开发时请神创建的。

拜殿后方的本殿是1975年（昭和五十年）使用伊势神宫式年迁宫的旧建材修建的，为神明造。

拜殿

1991年（平成三年）建成的拜殿为神明造，正面附有切妻造、妻入的向拜。

开成山大神宫（福岛县）

关东的伊势先生

芝大神宫是作为武藏国的守护神创建的。现在内宫和外宫的主祭神分别为天照大神和丰受大神，同时还祭祀源赖朝和德川家康。

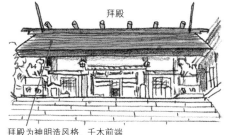

拜殿

拜殿为神明造风格，千木前端为水平截面的内削。

芝大神宫（东京都）

① "神明社"和"大神宫"均指将伊势神宫（内宫）祭祀的天照大神请来并供奉的神社。②神明造的社殿中从破风板连接处伸出的建材，每4根为一组。

源起复杂的祇园信仰

八坂神社（京都府）

　　八坂神社曾被称为"祇园社"，是祇园信仰的中心。祇园信仰的神明是牛头天王，他是印度僧院祇园精舍[1]的守护神在中国阴阳思想的影响下变化形成的。在日本，牛头天王与素盏鸣尊融为一体，人们认为他与风土记故事《苏民将来》中的武塔天神是同一神明。武塔天神是疫病之神，人们举行祇园御灵会，正是为了安抚怨灵和武塔天神。

　　后来，祇园信仰传播至日本各地，建起了祇园社和天王社[2]，明治时代以来，其中有一些改称八坂神社或八云神社。

驱除疫病的祇园先生：八坂神社

日本三大祭之一——祇园祭

祇园祭意在驱除疾病。各町在山鉾巡行中竞相展现自家的豪华山鉾，每一台山鉾都极具艺术和传统价值。

每台山鉾（"鉾"与"舁山"）都供奉着神体。

天水引[6]

囃子方

屋根方

前挂[5]

御币

稚儿[7]

音头取（领唱者）

重达7吨，下方有推车。

囃子方[3]和屋根方[4]乘坐的"鉾"。

原始的祇园祭

《年中行事绘卷》展现了平安时代京都祇园会的情景，神轿的队伍中可以看到演奏者和艺人。始于平息怨灵的祇园御灵会后来变成了驱除疫病的祭典，并在中世以后传至山口县和镰仓，随后普及至日本各地的八坂神社分社。

在马上演奏乐器的人们，其中有些人蒙着面。

素盏鸣尊的儿子八王子神乘坐的凤辇神轿。

①位于古代印度拘萨罗王国的寺院。②祇园信仰的神社分成若干个系统，其中主流的八坂神社和广峰神社（兵库县）被称为"牛头天王系"，信仰来源可以上溯至镰仓时代编纂的注释书《释日本纪》中的《备后国风土记》逸文。至于八坂神社和广峰神社究竟哪个才是总本社，众说纷纭，至今尚无定论。③在能、狂言、歌舞伎、民间艺术活动中担任伴奏的人。④位于大型鉾屋顶上方的人，主要负责让鉾在进入狭窄街巷时不要碰到电线、电线杆和民宅的屋顶。⑤挂在鉾前方的装饰布帘，图案多样。⑥伴奏者们所在的鉾屋上方的悬垂装饰。⑦在祭典中担任角色的幼童。

所在地：京都府京都市东山区祇园町北侧625。　创建年代：656年。　主祭神：素盏鸣尊、栉稻田姬命、八柱御子神。　小贴士：最初举办祇园祭（御灵会）是为了祛除疫病。进入室町时代后，山鉾开始出现在祭典中。现在的祇园祭共有33台山鉾参加巡行，形态多样。

祇园造的本殿

神明所在的本殿（神殿）和参拜者到访的拜殿（礼堂）原本相互独立，但祇园造将两者合并到一起。神殿前方建有礼堂，屋顶相连，样式与寺院建筑相似，展现了祇园信仰与神佛融合的深厚关系。

表现神佛融合的建筑样式

"神殿"四周有庇环绕，前方有"礼堂"，再向外还有一圈庇。

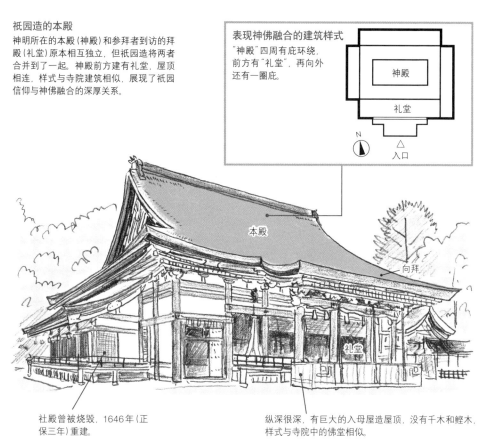

本殿

向拜

礼堂

社殿曾被烧毁，1646年（正保三年）重建。

纵深很深，有巨大的入母屋造屋顶，没有千木和鰹木，样式与寺院中的佛堂相似。

素盏呜尊的妃子奇稻田姬乘坐的神轿（葱华辇）。

屋顶带有凤凰的神轿（凤辇）中坐着素盏呜尊。

4名男子举着鉾走在神轿前方。

巫女撑着伞骑在马上。

各地的祇园信仰神社

祇园信仰的主流为以八坂神社和广峰神社（兵库县）为本社的脉系，此外还有以出云（岛根县）的须佐神社和须我神社为本社等多条脉系。

以八坂神社为本社的弥荣神社

室町时代从八坂神社请神创建，曾被称为祇园社。

主祭神是素盏呜尊。

本殿建在高台之上，这是津和野城周边神社建筑的特征。

本殿于1859年（安政六年）重建。

弥荣神社（山口县）

源于八坂的鹭舞

两名舞者头戴鹭帽，肩披鹭的翅膀，和着伴奏起舞。

弥荣神社的鹭舞源自16世纪的山口祇园会[1]，曾一度中断，17世纪引入京都祇园会的鹭舞后得以重现。

同为祇园信仰的本社：广峰神社

拜殿与本殿有高度差，连接两者的廊道因此倾斜。

拜殿正面宽10间，但左右不对称，是一座变形的入母屋造建筑，内部为铺有地板的大开间。

本殿后方的本殿是一座正面宽11间的长方形入母屋造建筑，还设有3座流造社殿，这种形式也是受到了神佛融合的影响。

拜殿

祭神为素盏呜尊和五十猛神。江户时代之前的祭神为"牛头天王"，其实和素盏呜尊是同体[2]的。

广峰神社（兵库县）

本殿的9个小洞

本殿背后的9个小洞对应着九曜星，参拜者会在自己的星位前参拜。

个性派：素盏雄神社

神佛分离以前曾供奉牛头天王和飞鸟权现两位神，现在则供奉素盏呜尊和事代主神。

拜殿

霍乱在江户蔓延时，很多人到这里参拜。

素盏雄神社（东京都）

礼拜富士山的浅间信仰

富士山本宫浅间大社（静冈县）

浅间信仰以神明居住的富士山为崇敬的对象，富士山本宫浅间大社是浅间信仰的中心。平安时代初期，人们将山宫移过来，创建了这座神社。

平安时代以后，富士山本宫浅间大社开始与修验道产生联系。到了室町时代，民间很流行前往富士山山顶进行参拜。当时，被称为御师或先达的宗教人士向人们讲述参拜的好处，带领由信众集结而成的团体"讲"前往富士山。

浅间大社的分社多位于关东、东海地区可以眺望富士山的地方，江户还修建了很多模仿富士山的小型"富士冢"，登上富士冢，便可获得与登顶富士山同样的好运。

神明居住的富士山即为神体

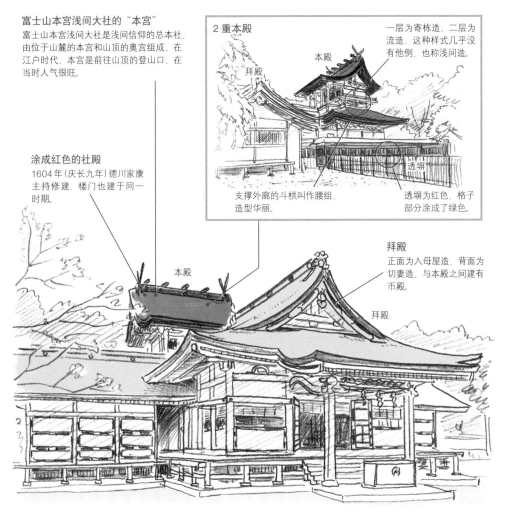

富士山本宫浅间大社的"本宫"
富士山本宫浅间大社是浅间信仰的总本社。由位于山麓的本宫和山顶的奥宫组成，在江户时代，本宫是前往山顶的登山口，在当时人气很旺。

涂成红色的社殿
1604年（庆长九年）德川家康主持修建，楼门也建于同一时期。

②重本殿

一层为寄栋造，二层为流造，这种样式几乎没有他例，也称浅间造。

本殿
拜殿

支撑外廊的斗栱叫作腰组，造型华丽。

透塀

透塀为红色，格子部分涂成了绿色。

本殿

拜殿
正面为入母屋造，背面为切妻造，与本殿之间建有币殿。

拜殿

所在地：静冈县富士宫市宫町 1-1。　创建年代：634 年。　主祭神：木花开耶姬。　小贴士：第七代天皇孝灵天皇在位期间，富士山曾经喷发造成灾害。后来第十一代垂仁天皇在富士山山麓祭祀神灵，创建浅间大社。本殿为日本重要文化财。

从富士山山麓延伸至山顶的浅间神社

浅间大社包含富士山山顶的奥宫和处于山麓的本宫，占地面积极广。自古以来，人们就热衷于前往能够遥望山体的神社进行参拜，或通过"攀登"来表达对神山的尊崇。

净身池：涌玉池

位于富士山本宫浅间大社内，前往富士山的登拜者习惯在此净身。

祭祀御井神和鸣雷神的末社水屋神社。

水屋神社

涌玉池

池水来自富士山的暗流。

富士山山顶位于奥宫境内

本宫境内面积达1.7万坪[①]。

山梨县

河口湖

富士山山顶(火山口)
久须志神社
富士山本宫浅间大社奥宫

神奈川县

富士山

山宫浅间神社

富士山本宫浅间大社

静冈县

奥宫的末社：久须志神社
富士山八合目[②]以上都属于富士山本宫浅间大社奥宫的范围(约120万坪)，山顶建有浅间大社奥宫和久须志神社。

压上石头防止屋顶被风吹坏。

久须志神社 (静冈县)

可称元宫的山宫浅间神社
这里没有社殿，只有礼拜富士山的遥拜所，体现出古代的祭祀形式，据传为第一个祭拜富士山神明的地方。富士山本宫浅间大社就是从山宫浅间神社所在地移至现在的位置的。

同时直接祭祀古树和富士浅间大神的设施"磐境"。

古树

山宫浅间神社 (静冈县)

① 1坪约等于3.3平方米。② "合"指通向山顶的登山路线全程的十分之一，"八合目"即为第八合。

在富士山山顶守护东日本的浅间大神

浅间信仰祭祀的是木花开耶姬。她是山神大山祇神的女儿[1]，以富士山为神体。东日本有多座浅间大社的分社（浅间神社）。

富士山最古老的神社，武田信玄曾来祈福

699年（文武天皇三年），武田信玄到富士山二合目祭祀，由此建立起富士御室浅间神社本宫。为了方便参拜，人们于958年（天德二年）在河口湖畔修建了里宫。

里宫拜殿的正面朝向富士山，本殿背后是河口湖。

里宫社殿由入母屋造的拜殿、币殿和本殿覆屋组成，建于1889年（明治二十二年）。

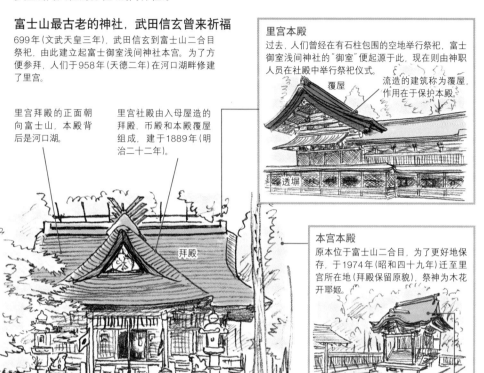

拜殿

富士御室浅间神社（山梨县）

里宫本殿
过去，人们曾经在有石柱包围的空地举行祭祀，富士御室浅间神社的"御室"便起源于此，现在则由神职人员在社殿中举行祭祀仪式。

覆屋

流造的建筑称为覆屋，作用在于保护本殿。

透塀

本宫本殿
原本位于富士山二合目，为了更好地保存，于1974年（昭和四十九年）迁至里宫所在地（拜殿保留原貌），祭神为木花开耶姬。

入母屋造，向拜上附有唐破风。

静冈的浅间大人

静冈浅间神社是从浅间大社请神创建的浅间神社和神部神社的合称，本殿由幕府主持修建，1814年（文化十一年）建成。

大拜殿后方的本殿由浅间神社和神部神社这两座流造社殿横向连接构成。

豪华的雕刻出自诹访的立川流木工之手。

大拜殿

静冈浅间神社（静冈县）

大拜殿高25米，共两层，一层为切妻造，正面有千鸟破风，二层为入母屋式屋顶，外廊附有高栏。

江户的小富士山：富士冢

最古老的富士冢位于鸠森八幡神社境内，从江户时代至今未曾移动。再现富士山的富士冢有浅间神社坐镇。

山顶石祠为奥宫，由富士山的石头环绕。

富士山山中的名胜也得到再现，如山顶的涌水（金明水）。

位于山脚的浅间神社里宫。

鸠森八幡神社（东京都）

[1]大山祇神是伊奘诺尊和伊奘冉尊生出的诸神（见第36页）之一。木花开耶姬是天孙琼琼杵尊（见第46页）的妻子，火折尊（山幸彦）和火阑降命（海幸彦，见第48页）的母亲。

守护大海的三女神：宗像、严岛信仰

宗像大社（福冈县）

　　福冈县的宗像大社由边津宫、中津宫、冲津宫共三宫组成，分别祭祀市杵岛姬、湍津姬和田心姬，合称宗像三女神（见第 38 页）。三宫呈一条直线排列在九州通向朝鲜半岛的航线上，被朝廷尊为航海安全之神，冲津宫所在的冲之岛出土的供品体现了这一点。此外，用船乘载神体渡海的"御生祭"也鲜明地展现了航海神的属性。

　　广岛县严岛神社（见第 118 页）的祭神也是宗像三女神。除了航海和贸易之神，人们还将其作为军神供奉。

成直线排列的宗像大社三宫
宗像大社的三宫几乎呈一条直线，是航海地标。

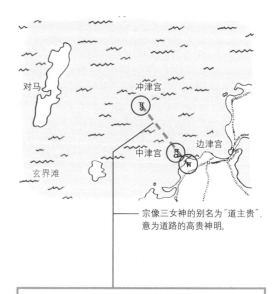

宗像三女神的别名为"道主贵"，意为道路的高贵神明。

御生祭
中津宫的湍津姬和冲津宫的田心姬乘坐御座船渡海，与边津宫的市杵岛姬汇合。

上供的渔船仿佛守护在御座船周围，组成船队前行。

每位神都有一艘御座船，挂着"国家镇护宗像大社"的幡旗在海面上行驶。

所在地：福冈县宗像市田岛 2331（边津宫）、宗像市大岛 1811（中津宫）、宗像市大岛冲之岛（冲津宫）。　创建年代：不明。　主祭神：市杵岛姬（边津宫）、湍津姬（中津宫）、田心姬（冲津宫）。　小贴士：宗像信仰源于玄界滩（今福冈市）一带的古代豪门宗像氏，他们供奉的正是宗像神。

供奉宗像三女神神社的总本社

三女市杵岛姬的边津宫

从拜殿礼拜
拜殿为切妻造、妻入，建于1590年（天正十八年）。

拜殿

拜殿前方设有拜所，两侧延伸出的垣环绕着拜殿和本殿。

正如别名"道主贵"，宗像神也是守护道路的神明。本殿和拜殿宏伟气派。

本殿为正面宽5间的流造，轴部涂成了红色。现在看到的本殿重建于1578年（天正六年）。

渡廊

本殿

连接本殿和拜殿的渡廊。

悬鱼附于破风板上，可以保护梁木前端，也有装饰作用。

次女湍津姬的中津宫

位于宗像市海面大岛上的山腰处，面向边津宫。

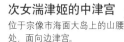

拜殿

拜殿为切妻造、平入，正面没有门窗等任何隔断，通过渡廊与本殿相连。

透塀   透塀

拜殿后方的流造本殿周围环绕着透塀。

长女田心姬的冲津宫

孤岛冲之岛作为圣岛，长久以来严守禁令，因此保留了丰富的古代文物，被称为"海上正仓院"。

拜殿

本殿

拜殿为切妻造、妻入，后方与币殿、本殿相连，本殿建在巨石的夹缝中。

文物展现出的古代祭祀形态
人们在冲之岛上发现了数量惊人的文物，除了镜子、玉器和素烧陶器，还有镀金铜制品和波斯的雕花玻璃等。

巨石旁边设有祭场。随着时代发展，祭祀场所也发生了变化，大致过程为岩石上方→岩石阴影处→半阴影、半露天处→露天。

镇守在要道与大陆航线上的宗像信仰神社

祭祀宗像三女神或其中之一的神社主要分布在西日本，其中多数都和宗像大社一样，位于当地要道或者前往朝鲜半岛的航线上。此外，与朝廷有关的地方也可以见到请神后创建的相关神社。

大海用作社地：严岛神社

严岛神社以本殿为中心，建筑连接在一起，伸向海面，样式独一无二。古人们就是从海上乘船参拜的。

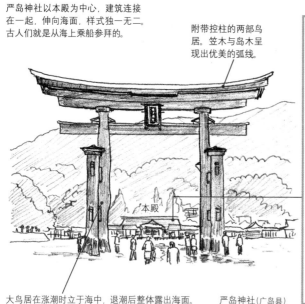

附带控柱的两部鸟居。笠木与岛木呈现出优美的弧线。

本殿

大鸟居在涨潮时立于海中，退潮后整体露出海面。

严岛神社(广岛县)

让人联想到寝殿造的社殿

严岛神社的建筑由回廊相连，宛如平安时代寝殿造的贵族住宅。

升殿参拜①在拜殿中进行，本殿位于拜殿后方。

本殿

拜殿

宗像氏创建的宗像神社

飞鸟时代，高市皇子的母亲尼子娘就来自宗像一族，高市皇子因此从宗像大社请来宗像三女神，修建式内社②。

入母屋造拜殿于2009年(平成二十一年)竣工，后方的流造本殿供奉着宗像三女神，两侧有春日神社和若宫神社。

位于樱井市鸟见山山麓。

宗像神社(奈良县)

御苑中的宗像神社

795年(延历十四年)，人们为了守护御所，从宗像大社请神建社，平安时代编纂的《日本三代实录》也记载了这座历史悠久的古社。现在位于京都御苑内。

切妻造的门就是拜所，后方为江户时代建造的流造本殿。

宗像神社(京都府)

①升殿参拜即正式参拜，在拜殿内部进行，较寻常参拜更正式。②指《延喜式》神名帐记载的神社。

普通民众热衷的金毗罗信仰

金刀比罗宫（香川县）

在江户时代，金刀比罗宫在普通民众当中备受尊崇。这里供奉着被视为金毗罗权现的大物主神，歌舞伎和人形净琉璃（一种日本古典舞台艺术）作品中都有金刀比罗宫给人带来好运的故事，因此人气极高。金毗罗权现也是广为人知的航海安全之神，神社内保留着代替濑户内海船舶灯塔的高灯笼①，以及因岛（广岛）的信徒群体供奉的"灯明堂"。此外，日本各地金刀比罗神社的祭神还有医药神和驱灾招福之神等。

金刀比罗宫是著名的神佛融合信仰之地，但在明治的神佛分离令下成了单一的神社。金刀比罗一名源于用琴对抗天雷的咒术"琴弹"②。

"金毗罗参拜"汇聚了大量人气

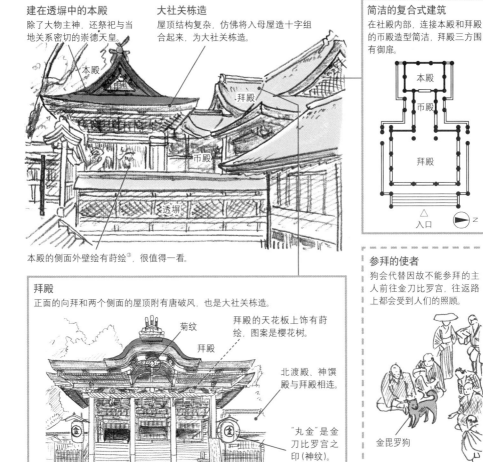

建在透塀中的本殿
除了大物主神，还祭祀与当地关系密切的崇德天皇。

大社关栋造
屋顶结构复杂，仿佛将入母屋造十字组合起来，为大社关栋造。

本殿

拜殿

币殿

透塀

本殿的侧面外壁绘有莳绘③，很值得一看。

拜殿
正面的向拜和两个侧面的屋顶附有唐破风，也是大社关栋造。

菊纹

拜殿

拜殿的天花板上饰有莳绘，图案是樱花树。

北渡殿、神馔殿与拜殿相连。

"丸金"是金刀比罗宫之印（神纹）。

简洁的复合式建筑
在社殿内部，连接本殿和拜殿的币殿造型简洁，拜殿三方围有御扉。

本殿

币殿

拜殿

入口　N

参拜的使者
狗会代替因故不能参拜的主人前往金刀比罗宫，往返路上都会受到人们的照顾。

金毗罗狗

所在地：香川县仲多度郡琴平町字川西 892-1。　创建年代：不明。　主祭神：大物主命。　小贴士：金刀比罗宫始于供奉大物主神的琴平神社，随着神佛融合越来越深，出现了金毗罗大权现这一称呼。大约 700 年前，僧正宥范成为初代别当（大型寺院中主持寺务的长官）。①根据设计，高灯笼的光可以照射到约 13 公里外停在丸龟港的船舶。建高灯笼的花费放到今天总计约 6 亿日元。②在日语中，"金刀比罗"读作 kotohira，"琴弹"读作 kotohiki。③一种工艺，在涂漆的基础上撒金银粉或色粉绘制图案。

金刀比罗宫中与海有关的事物

运用造船技术建造的灯明堂

位于参道上的灯明堂是广岛的人们供奉的，可见金刀比罗宫的信仰范围之广。

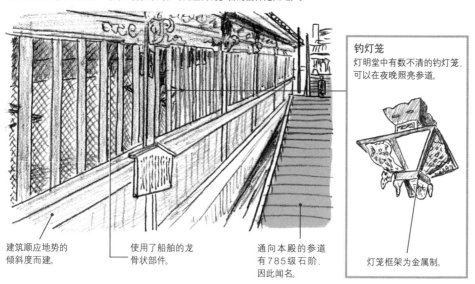

建筑顺应地势的倾斜度而建。

使用了船舶的龙骨状部件。

通向本殿的参道有785级石阶，因此闻名。

钓灯笼

灯明堂中有数不清的钓灯笼，可以在夜晚照亮参道。

灯笼框架为金属制。

用作灯塔的"高灯笼"

高灯笼位于金刀比罗宫神苑中，曾是人们从海上礼拜金刀比罗宫所在的琴平山时的标志。由东赞岐的人们提议并集资，历经6年，于1860年（万延元年）建成高灯笼，1865年（庆应元年）供奉给金刀比罗宫。

建造者希望经过丸龟海面的船只可以看到这里的光亮。

内部有3层。

高约27米，是日本国内最高的木造灯笼。

建在石造基坛上。

流桶

一种民间习俗，渔夫和船员为了祈祷神明保佑并表示感谢，会将酒桶从船上放入海中，让它顺水流走。捡到酒桶被视为吉兆降临，人们会将酒桶送至金刀比罗宫。

供奉的酒桶。

俯瞰港口的海上安全之神：金毗罗权现

金毗罗权限被视作海上交通和船舶的守护神，日本各地的分社多位于能够俯瞰港口的地方。神社名字中多有"琴平""金毗罗"等字样。

从山上到海港：通向金刀比罗宫的道路

有多条路通向金刀比罗宫，其中广为人知的是"五驿道"。参拜者不只限于四国，还有很多来自更远的地方。

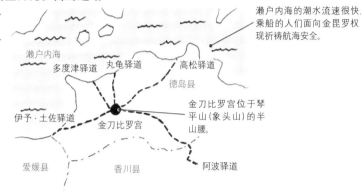

瀬户内海的潮水流速很快，乘船的人们面向金毗罗权现祈祷航海安全。

金刀比罗宫位于琴平山（象头山）的半山腰。

瀬户内海
多度津驿道　丸龟驿道　高松驿道
德岛县
金刀比罗宫
伊予·土佐驿道
爱媛县　香川县　阿波驿道

保护江户后鬼门的金刀比罗宫

东京虎之门的金刀比罗宫供奉着从金刀比罗宫迎来的分灵，神社所在地位于江户城的后鬼门处。最初曾建在三田地区，后来迁至虎之门[①]。

权现造的社殿在二战时烧毁，1951年（昭和二十六年）重建。

由日本建筑大师伊东忠太设计。

除了守护海上安全与渔业丰收，还是祈求五谷丰登和驱灾招福之地。

虎之门金刀比罗宫（东京都）

在夏威夷也可参拜金毗罗

夏威夷金刀比罗神社将夏威夷已经荒废的神社全部合祀。1920年（大正九年）由日本渔夫请神创建的，二战后重振并延续至今。

匾额上写有夏威夷金刀比罗神社。

入母屋造、妻入的社殿。

夏威夷金刀比罗神社（夏威夷州瓦胡岛）

①水道桥金刀比罗宫也是东京都内著名的金刀比罗宫。为板桥名主（江户时代地方村吏官职名，当地的一把手）板桥市左卫门的宅内社和位于水道桥的赞岐高松藩松平家的宅内社合祀。虎之门金刀比罗宫则源于赞岐丸龟藩京极家请主江户宅邸中的神社。

武家的守护神：三岛信仰

三岛大社（静冈县）

在古代，三岛大社作为富士火山带之神受到朝廷和民众尊崇，进入中世后，又受到源赖朝等武家的崇拜。祭神三岛大明神曾被认为是大山祇神，但学者平田笃胤认为应当是事代主神[①]。一番曲折之后，现在神社内供奉着这两位神明。

在以三岛为名的神社中，有一个脉系属于伊予大三岛的大山祇神社。这一脉系的神社祭祀大山祇神，供奉着大量武器[②]。大山祇神正如其名，是山之神，掌管林业和矿业，另外他还是武神、农业神、酒神等。人们为祈求好运，将神明请至各地。

江户时代重振的豪华社殿：三岛大社

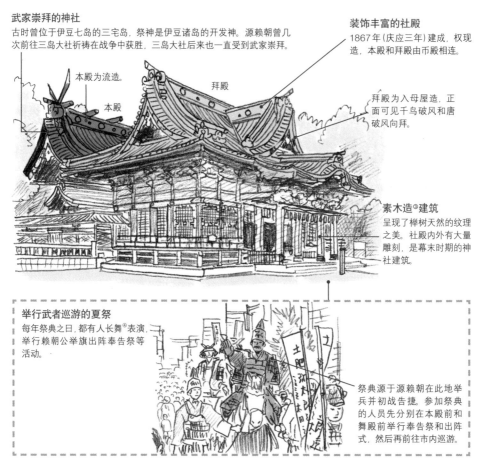

武家崇拜的神社
古时曾位于伊豆七岛的三宅岛，祭神是伊豆诸岛的开发神。源赖朝曾几次前往三岛大社祈祷在战争中获胜，三岛大社后来也一直受到武家崇拜。

本殿为流造。

本殿

拜殿

装饰丰富的社殿
1867年（庆应三年）建成，权现造，本殿和拜殿由币殿相连。

拜殿为入母屋造，正面可见千鸟破风和唐破风向拜。

素木造[③]建筑
呈现了榉树天然的纹理之美。社殿内外有大量雕刻，是幕末时期的神社建筑。

举行武者巡游的夏祭
每年祭典之日，都有人长舞[④]表演，举行赖朝公举旗出阵奉告祭等活动。

祭典源于源赖朝在此地举兵并初战告捷。参加祭典的人员先分别在本殿前和舞殿前举行奉告祭和出阵式，然后再前往市内巡游。

所在地：静冈县三岛市大宫町2-1-5。　创建年代：不明。　主祭神：大山祇命、积羽八重事代主神。　小贴士：源赖朝为了表达对源氏复兴之恩的感激，强化了对三岛大社的信仰。镰仓幕府建立后，源赖朝无法亲自参拜，就让当地名门子弟穿上征夷大将军的服装代替他参拜。
①事代主神一说源自记录伊豆诸神起源的《三宅记》。②"大山祇神＝武神"这一点源于雄踞濑户内海一带的越智水军和河野水军信仰。③纯木建筑，不使用土、灰浆等，也不涂漆或上色。④人长指神乐中的领舞者，由人长身着武官装束、手持杨桐枝跳的舞称为人长舞。

凝聚武神信仰的大山祇神社

到了近代，大山祇神社的武神信仰仍然火热，许多军人和军队相关者会前去参拜。大山祇神社这一脉系之所以拥有"三岛"之名，是因为其元社位于摄津国（大阪）的三岛。

山祇三岛神社的总本社：
大山祇神社

面朝大海的一之鸟居

一之鸟居面朝濑户内海，是石造的明神鸟居（见第14页）。

木制匾额上写有"日本总镇守大山积大明神"，原作据说出自藤原佐理之手。

巨大的拜殿

拜殿为素木造的巨大建筑，正面7间，侧面5间，向拜处的唐破风引人注目。

祭神大山祇神别名"和多志大神"，也被视为海上交通之神。

大山祇神社的神纹

名为"折敷三文字"。折敷为削去棱角的托盘，用来盛放供神的食物。

流造本殿

本殿建于室町时代，柱梁为红色，墙壁涂成了白色。

本殿　向拜

在流造的基础上让庇向前伸展，使向拜进一步延长。

外廊有高低差，护栏也相应做成了曲线形。

拔穗祭单人相扑

与稻谷的精灵进行相扑比赛，祈祷五谷丰登。

如果稻谷的精灵获胜，即可获得丰收。
　　　　　　　　大山祇神社（爱媛县）

大山祇脉系：三岛鸭神社

有说法认为，大山祇神在坐镇大三岛之前曾被供奉在大阪。因此大阪府高槻市的这座神社被视为日本第一座供奉大山祇神的神社。

拜殿毁于二战，后在1963年（昭和三十八年）重建，入母屋造，是神乐的舞台。后方的本殿为流造，向拜呈唐破风样式。

据传仁德天皇在修筑淀川的茨田堤时，为守护淀川而从百济将它移祀过来。
　　　　　　　三岛鸭神社（大阪府）

大山祇脉系：三岛神社

德岛三岛神社供奉着大山祇神。镰仓时代被任命统治此地的河野氏将自己信仰的大山祇神从爱媛县大三岛的大山祇神社请来祭拜。

社殿为切妻造、妻入的钢筋混凝土建筑。
　　　　　　　三岛神社（德岛县）

从"怨恨"到"智慧"的天神信仰

太宰府天满宫（福冈县）

　　天神原本是指高天原的神明，不过还有一位天神广为人知，人们以菅原道真的御灵（怨灵）为原型，又添加了雷神和护法神等属性，塑造出了所谓的天满大自在天神。

　　进入中世后，道真的御灵身份已经淡化，人们不断强化他国家守护神的身份以及相关故事中的神德，突显其作为诗文、和歌、书道之神的一面。到了江户时代，道真在人形净琉璃和歌舞伎表演中被塑造成拥有卓越学识的高贵之人（神），天神大人就这样成了"学问、考试之神"。建在道真墓地的太宰府天满宫是天满宫的总本宫①。

学业之神坐镇的太宰府天满宫为桃山时期著名建筑

太宰府天满宫的本殿
本殿为正面5间的巨大流造建筑，向拜处的唐破风气势宏伟，本殿和楼门由回廊相连。现在的社殿是1591年（天正十九年）建成的。

车寄
两侧都有车寄②，唐破风造。

装饰丰富的桃山建筑
装饰用的雕刻色彩鲜明，美轮美奂。本殿极好地保留了桃山时代的建筑特征。

神幸式大祭
祭拜菅原道真的神灵，感激神明赐予国家安泰、五谷丰登。

将神轿抬至道真曾经的宅邸榎社，次日返回。

所在地：福冈县太宰府市宰府4-7-1。　　创建年代：919年。　　主祭神：菅原道真。　　小贴士：太宰府有"远方朝廷"之称，在律令制下对西海道（筑前、筑后等九州诸国）拥有独立权限，是朝廷的要地。此外，由于距离朝鲜半岛和大陆较近，这里也是外交的通道。①太宰府天满宫所在地原为菅原道真的墓地，后来人们为了镇魂而创建安乐寺天满宫（后来的太宰府天满宫）。京都北野天满宫起源于道真的乳母多治比文子收到的神谕，现在两者都被视作天满宫的总本社。②为了让牛车等在社殿前停靠，供人上下，而将厢房的屋檐延长，下方地面铺上石头，即为车寄。

清凉殿雷击事件显示了御灵的威力

平安时代发生的清凉殿雷击事件改变了天神信仰。据说当时一道惊雷落在醍醐天皇的宫殿内,劈死了与菅原道真被贬一事相关的贵族,因此被看作菅原道真的怨灵显现。后来菅原道真成了学问之神,这是因为他原本就是一名优秀的学者。现在日本各地都能看到供奉他的神社。

菅公
人们都认为菅原道真带着怨念化作了雷神。绘卷中的束带天神像被描绘成了紧咬嘴唇、怒气满面的形象。

眉毛上扬,目光炯炯。

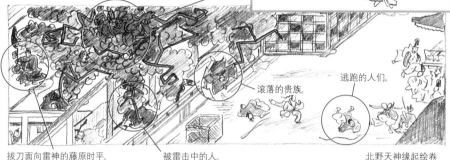

拔刀面向雷神的藤原时平。

被雷击中的人。

滚落的贵族。

逃跑的人们。

北野天神缘起绘卷

日本各地人气旺盛的天神先生

京都的天神先生

北野天满宫(见第66页)的社殿建于桃山时代,雕刻华丽,色彩斑斓,别具特色。

社殿为本殿、拜殿、石间和乐间相连的权现造,是日本国宝。

本殿

主祭神为菅原道真,相殿里供奉着菅原道真的儿子中将殿和其妻吉祥女。

北野天满宫(京都府)

大阪的天神先生

这里原本坐落着菅原道真参拜过的大将军社。菅原道真去世50年后,这里突然长出7棵整夜发光的松树,被认为是天神降下的祥瑞之兆,由此修建了天满宫。

权现造的社殿建于1845年(弘化二年)。

拜殿

内部的板门上有色彩丰富的绘画。

大阪天满宫(大阪府)

山口的天神先生

防府天满宫创建于菅原道真去世的第二年,是日本第一座天满宫。

回廊与拜殿正面的楼门相连,环绕着社殿前方空间。

拜殿

由本殿、币殿和拜殿组成的权现造建筑,曾遭遇火灾,现在的社殿是在1958年(昭和三十三年)重建的。

防府天满宫(山口县)

牛替神事

牛是天神的使者。

在2月的抽签中抽到牛的人可以在当年秋天举行的御神幸祭中担任"神牛役"(喂养神牛)。

东京的天神先生

汤岛天满宫的社殿中原本祭祀的是手力雄神,后来在1355年(正平十年、文和四年)与菅原道真合祀①。

权现造社殿是在1955年(平成七年)重建的,木造,建材选用了扁柏。

汤岛天满宫(东京都)

①指在同一社殿合祀两位以上的神明。

column │ 守护神社与信仰——神社建筑的保护和修理

参拜神社有时会遇到正在维修的情况。1872年（明治五年）的太政官布告"古器旧物保存方"，是日本国家及地方自治体文化遗产保护制度的开端。

《文化财保护法》是与社寺宝物相关的法律，用来保护国宝、重要文化财和祭典仪式等。这项法律于1950年（昭和二十五年）制定，现在依然是保护这些文物的基础依据。

以神社的社殿为代表，要保存此类文化财，各领域的专家和有经验的技术人员都是不可所缺的。但是，仅凭修理、保护建筑无法让神社永久地保存下来并得到继承。如果没有祭典和仪式，信仰就会日渐淡薄，最终消失。扎根在神社周边的社区在神社保护中发挥着非常重要的作用。

安芸宫岛大鸟居的大修
2012年（平成二十四年），严岛神社（广岛县，见第118页）的鸟居因扁柏皮屋顶破损而进行修理。现在的鸟居为1875年（明治八年）建造的第八代。

在搭起脚手架、建起覆盖建筑的临时屋顶后，修理工程正式开始。

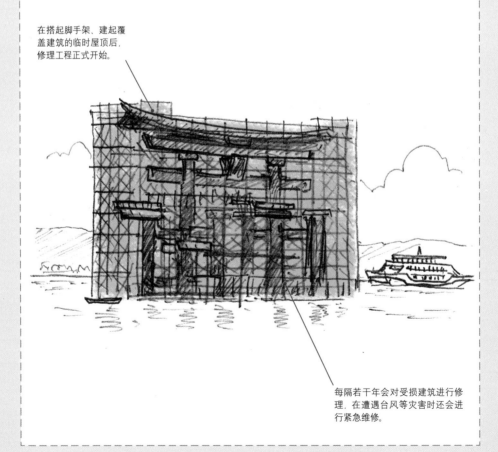

每隔若干年会对受损建筑进行修理，在遭遇台风等灾害时还会进行紧急维修。

第 **6** 章

神社的美好恩惠

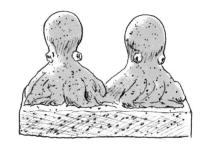

　　"我想考进理想中的学校""我想赌赢""我想结婚""我想身体健康"……只有神明和神社能够倾听人们如此任性的愿望。本章将按照神社赐予人们的恩惠介绍各种神社。为了能获得好运，也希望大家首先了解正确的参拜方法。

带来现世之福的商业繁荣之神

西宫神社（兵库县）

　　为了获得"第一福"，无数人在神社门打开的瞬间冲了进去——这就是西宫神社"十日惠比寿"[①]祭典中的一幕。

　　西宫神社供奉着商业繁荣之神——惠比寿大神。惠比寿大神是在国土诞生神话中出现的蛭子神[②]，原为渔业之神，后来被供在集市所在的西宫，产生了全新的神德。

　　守护商业繁荣与财运之神在日本各处都能看到。爱知县的妙严寺以丰川稻荷之名广为人知，镇守当地的吒枳尼天正是著名的商业繁荣之神（稻荷神）。此外，还有像仙台四郎那样源自真实人物的福之神。

惠比寿信仰的本社

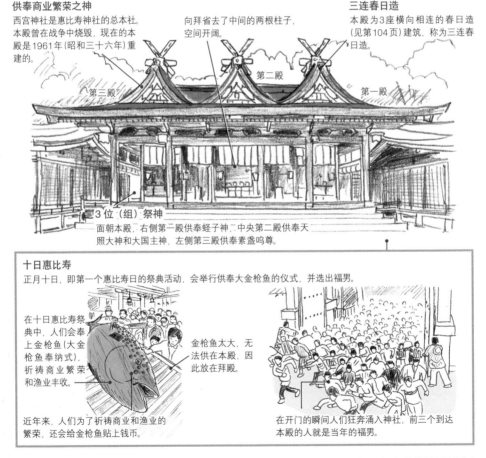

供奉商业繁荣之神
西宫神社是惠比寿神社的总本社。本殿曾在战争中烧毁，现在的本殿是1961年（昭和三十六年）重建的。

向拜省去了中间的两根柱子，空间开阔。

三连春日造
本殿为3座横向相连的春日造（见第104页）建筑，称为三连春日造。

第三殿　第二殿　第一殿

3位（组）祭神
面朝本殿，右侧第二殿供奉蛭子神，中央第二殿供奉天照大神和大国主神，左侧第三殿供奉素盏鸣尊。

十日惠比寿
正月十日，即第一个惠比寿日的祭典活动，会举行供奉大金枪鱼的仪式，并选出福男。

在十日惠比寿祭典中，人们会奉上金枪鱼（大金枪鱼奉纳式），祈祷商业繁荣和渔业丰收。

金枪鱼太大，无法供在本殿，因此放在拜殿。

近年来，人们为了祈祷商业和渔业的繁荣，还会给金枪鱼贴上钱币。

在开门的瞬间人们狂奔涌入神社，前三个到达本殿的人就是当年的福男。

所在地：兵库县西宫市社家町1-17。　　创建年代：不明。　　主祭神：西宫大神（蛭子命）。　　小贴士：关于蛭子神漂流抵达的地方有多种说法，其中之一就是兵库县西宫市的鸣尾。还有说法认为，"西宫"一名意为鸣尾西边的宫。坐落在西宫市内素盏鸣神社中的境内社元戎社，是第一个祭祀漂流至此的蛭子神的神社。
①正月十日即"初惠比寿"的祭典活动。江户曾以正月二十日为"初惠比寿"，正月十日举行祭典是关西的习俗。②蛭子神是"国土诞生"（见第36页）中生出的第一个神，但身体发育不完全，因此被放在船上任其漂走，船到达的地方就是西宫神社。

神社与寺院中皆供奉的"商业繁荣"与"财运"之神

日本各地的神社中都供奉有赐予人们生意兴隆、财运亨通这类恩惠的神明。除了祭祀稻荷神的稻荷社（见第98页），大黑天和弁财天等源自佛教的神明也被尊为商业繁荣之神。丰川稻荷供奉的吒枳尼天常以骑着狐狸的形象出现，因此被认为与稻荷神同体。

商业繁荣之寺：丰川稻荷

曹洞宗的寺院丰川稻荷供奉着商业繁荣之神，广受人们崇敬，参拜者众多。

奥之院

奥之院建于1814年（文化十一年），入母屋造，正面向拜附有唐破风，原本为建在本殿前方的拜殿。

奥之院拜殿的雕刻据传出自诹访立川流的立川和四郎之手，此人因创作诹访大社下社秋宫（见第102页）的雕刻闻名。

丰川稻荷（妙严寺、爱知县）

向狐神供奉

神社内的狐灵冢安放着数不清的狐狸像。

皆为达成心愿的人供奉的谢礼。

抚摸大黑天

据说只要抚摸大黑天像，就会得到福德。

"御摩大黑天"位于本殿后方的佛堂大黑堂前。

大黑原为印度教的神明，日本人因其名称而将其与大国主神融合。进入中世后，以大黑天作为商业繁荣之神的信仰在民间流传开来。

东京都心也有丰川稻荷

丰川稻荷东京别院源于大冈越前守在宅内供奉的神社，毗邻赤坂御用地。

供奉的幡旗融入了人们生意兴隆、心想事成等愿望。

丰川稻荷东京别院（东京都）

带来幸福缘分的邂逅之神

东京大神宫（东京都）

　　东京大神宫是 1880 年从伊势神宫（见第 108 页）请神创建的，除了供奉天照大神和丰受大神，还供奉着创造万物的造物主，也就是合称结缘三神的天御中主尊、高皇产灵尊和神皇产灵尊[①]，因此拥有结缘之德。

　　说到结缘的神社，还有每年农历 10 月诸神汇聚在一起商讨并为男女结缘的出云大社（见第 44 页）、拥有结缘石的镰仓葛原冈神社、夫妇杉矗立的宫崎高千穗神社（见第 46 页）和京都下贺茂神社的摄社相生社等。不过，结缘不仅指男女关系，还寓意商业和金钱等各种缘分。

"结缘三神"结缘的东京大神宫

著名的神前婚礼之地
最初位于日比谷，称为日比谷大神宫，关东大地震后移至现址，因在明治时代举行了第一场民间的神前婚礼而闻名。

社殿
拜殿为神明造风格，切妻造、平入的建筑正面附有切妻造、妻入的向拜状建筑。后方建有神明造本殿。

拜殿

人气旺盛的结缘护身符
东京大神宫有很多祈求美好姻缘的女性参拜者，护身符的设计丰富多彩。

所有护身符都配有东京大神宫的神纹"花菱"。

受到女性喜爱的护身符之一"恋爱成就御守"。钥匙形的护身符寓意"打开对方的心锁"。

所在地：东京都千代田区富士见 2-4-1。　创建年代：1880 年。　主祭神：天照皇大神、丰受大神。　小贴士：最初的神前婚礼是 1900 年（明治三十三年）明治天皇的第三皇子明宫嘉仁亲王（大正天皇）的婚礼，在贤所（天皇居住的宫中供奉八咫镜的地方）的神前举行，普通民众的首次神前婚礼则是翌年由实践女子学校的女学生担任模特完成的模拟婚礼。
①天御中主尊、高皇产灵尊和神皇产灵尊三神合称"造化三神"，是让万物生长的神明。"结"意为"使物生长"，从"结"一词生出了结缘之运。也有说法认为，高皇产灵尊和神皇产灵尊的神名部分发音与"结"相同，由此有了结缘一说。此外，造化三神也是在高天原出现的第一批神明。

各种缘由的结缘之运

在能够赋予人们结缘之运的神社中,有的有结缘的故事或传说,有的供奉着夫妇神,有的拥有具备结缘力量的自然物体。

川越冰川神社的风铃

神社内供奉着素盏鸣尊和他的妃子与家族,凝聚了人们对结缘和家庭圆满的信仰。

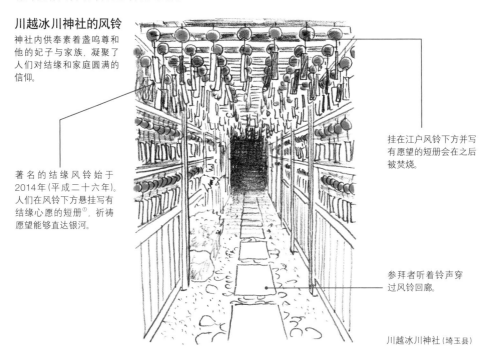

著名的结缘风铃始于2014年(平成二十六年)。人们在风铃下方悬挂写有结缘心愿的短册①,祈祷愿望能够直达银河。

挂在江户风铃下方并写有愿望的短册会在之后被焚烧。

参拜者听着铃声穿过风铃回廊。

川越冰川神社 (埼玉县)

葛原冈神社的结缘石

祭拜镰仓时代的贵族日野俊基的神社,境内的男石和女石因结缘而闻名。

女石　　男石

葛原冈神社 (神奈川县)

附带五日元硬币的红线系在石头的注连绳上,祈祷良缘降临。

①用来书写和歌的细长纸条。

祈愿结缘：灶门神社

太宰府的灶门神社以玉依姬 [丰玉姬 (见第48页)] 的妹妹] 为祭神,为人们缔结良缘、驱除厄运。

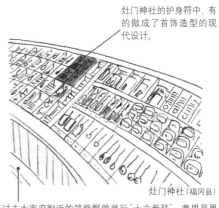

灶门神社的护身符中,有的做成了首饰造型的现代设计。

灶门神社 (福冈县)

过去太宰府附近的筑紫野曾举行"十六参拜",意思是男女到了16岁,就要前往灶门神社的上宫参拜。据说女性可获得良缘,男性会获得财务自由。二战后,"十六参拜"被废止,但这一传统带来了如今祈祷良缘的"结缘大祭"。

让分娩变得轻松：安产祈愿之神

水天宫（东京都）

水天宫自江户时代起就因安产之神闻名[①]。祭神是安德天皇等4位神明，水之宫源于在坛之浦一战中幸存的按察使局伊势建立的供奉平氏的神社。

自古以来，日本各地就有各种祈求安产的风俗，狗是安产、顺产的象征，女性为了能够轻松分娩，会在怀孕第5个月的首个戌日（"犬之日"）缠上腹带前往神社参拜。此外还有效仿猿猴以求顺利生产的信仰，许多人会前往以猴子为神使的东京日枝神社参拜。

水天宫每月戌日皆为"晴日"[②]

安产、怀孕的恩惠
东京的水天宫也和久留米的总本社一样，供奉安产之神和水神，人们相信来这里参拜能避免火灾与水患，自江户时代一直人气旺盛。每月第一个戌日都会有很多孕妇前来。

已重新开放营业
图为旧社殿，重建后的新社殿已于2017年4月重新开放。

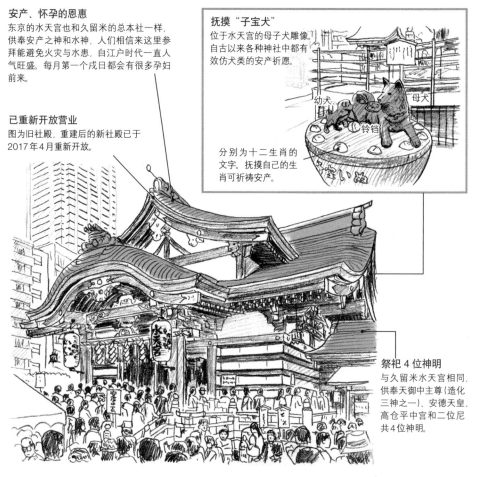

抚摸"子宝犬"
位于水天宫的母子犬雕像
自古以来各种神社中都有效仿犬类的安产祈愿

幼犬　母犬　铃铛

分别为十二生肖的文字。抚摸自己的生肖可祈祷安产。

祭祀4位神明
与久留米水天宫相同，供奉天御中主尊（造化三神之一）、安德天皇、高仓平中宫和二位尼共4位神明。

所在地：东京都中央区日本桥蛎壳町2-4-1。　创建年代：1818年。　主祭神：天御中主神、安德天皇、高仓平中宫、二位尼。
小贴士：据说一位孕妇曾得到悬挂在拜殿处的铃铛绳子（铃绪）并用作腹带，后来分娩过程非常轻松顺利。从此以后，只要用水天宫的铃绪作腹带便可安产的说法就传开了。
①水天宫被认为象征安产是因为水天在神佛融合时期与天之水分神融合。天之水分神原本与安产无关，但水分的发音"mikumari"与"mikomori"（御子守）相似，于是便作为安产与守护孩子的神明广为流传。②指举行祭典、仪式等"非日常"的日子。

各地盛行的安产祈愿祭典

日本各地都有祈祷安产的神社，戌日总会迎来大量参拜者。其中山梨县的山中诹访神社每年9月都会举行安产祭，祈祷安产的女性会从各地汇聚于此。

山中诹访神社的安产祭

十分罕见的祭典。据说参加夜祭并参与抬神轿的当地女性会获得怀孕并安产的恩惠。

神轿往返于本殿和御旅所之间。

孕妇等想要祈福的人跟在神轿后面一同前行。

抬神轿的人被称为"传马"。

山中诹访神社（山梨县）

效仿日枝神社的神猿

日枝神社有多座神猿的雕像，戌日和申日有很多孕妇前来，希望能效仿轻松分娩的猿猴。

宇美八幡宫：子安石即为护身符

祈祷安产后，人们会将供奉在境内深处汤方社的石头（子安石）带走。据说这里的石头具有安产的奇效，是安全分娩的护身符。

铃

戴着头巾。

怀抱小猴。

在山王神道（受天台宗影响的神道）中，猿猴是神明的使者。

日枝神社（东京都）

宇美八幡宫据说是神功皇后生子的地方，因此被视作祈祷安产的神社，宇美一名就源自"生"①的日语发音。

如果平安分娩，就在新的石头上写上孩子的名字，与之前参拜时带回家的石头一起供回原处。

宇美八幡宫汤方社（福冈县）

① "宇美"与"生"在日文中发音相同。

从名字表现出的诚意：胜负运气之神

宝当神社（佐贺县）

唐津湾的高岛上有一座宝当神社①，祭神为战国时代从海盗手中拯救该岛的野崎隐岐守纲吉。有人因为神社名前来参拜，之后中了彩票，这个故事广为流传②。进入平成时代后，这里变成了一座可以赋予人们运气的神社。

因为可以带给人们好运受到参拜者欢迎的还有东京的皆中稻荷神社。江户时代，步枪组百人队中有人梦到神明，从此百发百中（皆中）。像这样由神社名被赋予神德的神社还有很多。

"宝"会"当"的神社传闻

大批参拜者前往小岛
高岛的常住人口只有约300人，因许多希望中彩票的参拜者前来，这里变得热闹起来。可以乘坐定期渡船或海上出租车前往高岛。

社殿
入母屋造的本殿与拜殿相连，建在祭神野崎隐岐守的墓地上。

里参道
经过社殿侧面，从本殿背后参拜。

日本各地的中奖者来信
拜殿内展示着许多中彩票的人寄来的感谢信。

许多信件来自中了高额彩票的参拜者。

中奖彩票的复印件。

注入心愿的护身符
护身符源于中奖、获胜的神德，袋上可见万宝锤③、小金币、波浪和鲷鱼等吉祥之物。

"必当御守"，含义为必中。

所在地：佐贺县唐津市高岛525。　创建年代：1768年。　主祭神：野崎隐岐守纲吉命。　小贴士：高岛在古代因制盐业繁荣，岛内的盐屋神社堪称高岛的象征。宝当神社是作为其境内社创建的。
①在明治时代，高岛因制盐业繁荣一时，人们为了感谢守护神野崎隐岐守纲吉创建了神社。"宝当神社"意为岛屿的宝物。②神社名"宝当"正好与日语中的"中彩票"（宝くじを当たる）一词写法相同。③可以捶出各种各样的东西，是日本民间传说中的宝物。

可以获得现世利益的场所

许多人认为从神社可以获得现世利益。自古以来，日本各地都有保佑财运亨通的神社，到了近现代，神社名不断催生新的神德。

影响皆中稻荷神社神德的步枪组百人队

步枪组百人队是德川家康为了防御江户西部组建的，4组队员交替守卫江户城，例年大祭可以看到"步枪组百人队行进"。皆中稻荷神社位于现在的新宿区百人町。

步枪组由大久保组、青山组、根来组和甲贺组构成。

江户时代的火绳枪射击术传承至今。

步枪组百人队 (东京都)

赛马、赌博就到胜马神社

胜马神社位于因巨杉"安婆大人"闻名的大杉神社境内，被视为赛马与胜负之神。

马的神像旁边可见猿猴的雕像。据说猴子可以保护马匹远离疾病。

胜马神社是将古代官牧 (在国家管理下提供马匹的牧场) 的马枥社迁移过来创建的，日本中央赛马会的美浦训练中心就在附近，也有许多赛马相关人员前来参拜。

命中目标的绘马
绘马上有命中目标的箭矢图案，祈祷"命中"的运气能够降临。

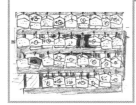

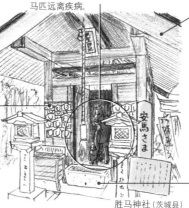

社前的马蹄铁
胜马神社供奉着马蹄铁。

马匹曾经使用过。

胜马神社 (茨城县)

菖蒲变成胜负：藤森神社

菖蒲节的发源地，因"菖蒲"的发音①而成了胜负之神，同时也被敬为马神与学问之神。

藤森神社 (京都府)

向赛马之神供奉的绘马
由于同时具有胜负之神和马神的面孔，因此也被当作赛马之神。

驱马仪式产生了马神信仰，深受赛马爱好者和相关人员尊崇。

①菖蒲节是端午节的别称，"菖蒲"与"胜负"在日语中发音相同。

守护家宅的除火之神

秋叶山本宫秋叶神社（静冈县）

据说位于滨松的秋叶山本宫秋叶神社可以帮助人们远离火灾。很久以前，修验者三尺坊骑着白狐来到秋叶山，他拥有一双翅膀和鸟一样的嘴，神通广大，后来被人们供奉为秋叶大权现（秋叶三尺坊）[1]。

以京都爱宕神社为中心的爱宕信仰[2]和关东地区武藏御岳神社、三峰神社等的大口真神（狼）信仰，都包含了除火这一诉求，人们可以从这些神社获得除火的神札或毒八角的枝叶，供奉起来以求平安。近世以前的建筑防火性能较差，远离火灾是人们当时切实的愿望。

镇守山顶的秋叶权现的守护神

秋叶山为神体山
秋叶神社直到江户时代一直是修验道的道场，后在明治时期的神佛分离中分为秋叶寺和秋叶神社。

权现造社殿
图中的拜殿为入母屋造，附有千鸟破风、向拜和唐破风，通过币殿与流造的本殿相连（权现造）。1986年（昭和六十一年）重建。

拜殿

供奉火神
拥有翅膀和鸟嘴。

背负着火焰。

云朵表现出三尺坊高高飞起的场面。

白狐的头上戴着宝珠。

除火信仰参拜团体"秋叶讲"
17世纪，参拜秋叶大权现的除火信仰十分流行，各地随之成立了名为"秋叶讲"的参拜团体，连通秋叶神社的秋叶驿道（现在的日本国道152号）沿线灯笼林立。

祭神为火神轲遇突智（见第36页），神佛分离前称为秋叶大权现，是与三尺坊的融合。如图所示，三尺坊的形象是骑着白狐的乌天狗。

秋叶神社和秋叶寺的火祭

秋叶神社以手持火把舞动的火舞而闻名。

秋叶寺会在室外举行护摩行（火防祭）。

护摩

行者

所在地：静冈县滨松市天龙区春野町领家841。　创建年代：701年。　主祭神：火之迦具土大神（秋叶大权现）。　小贴士：从远江、三河等地通向秋叶山本宫秋叶神社的驿道沿线曾经设置过很多灯笼（常夜灯），既是参拜者的路标，又是秋叶信仰的象征，至今仍有不少灯笼原封不动地保留在驿道处。

①除火的神社之所以与山岳信仰关系密切，主要是受修验道影响。②爱宕山经常出现雷云，引起火灾，除火的信仰由此诞生。

日本各地的秋叶信仰：祈祷远离火灾

以秋叶山为中心的秋叶信仰崇拜除火之神，各地都从秋叶山本宫秋叶神社请神参拜。此外还有将狼作为防火之神进行祭祀的神社①。

秋叶原也来自秋叶神社

这座秋叶神社原本与秋叶权现无关，最初称为镇火社，但被误认为是从秋叶社请神创建的，后改称秋叶神社，所在地也被称为秋叶原。

现已移至台东区。

秋叶神社 (东京都)

秋叶神社的关东总社

埼玉市的秋叶神社供奉防火防盗之神，受到关东一带人们的尊崇。

壮丽的本殿位于覆屋之中，雕刻繁复豪华。

覆屋

拜殿

主祭神为火神轲遇突智。

秋叶神社 (埼玉县)

狼信仰：武藏御岳神社

位于东京的御岳山山顶，将狼作为防火防盗的神明供奉。

拜殿为入母屋造，向拜有气派的唐破风。创建于1700年 (元禄十三年)，江户幕府末期曾进行修复。

狼像

安放在拜殿内的木雕像，此外神社内各处还有很多狼的雕像。

拜殿

日本武尊的引路者
为祭神日本武尊引路的是一黑一白两匹狼。

画家鳍崎英朋于1912年 (明治四十五年) 供奉的绘马。

武藏国大口真神御岳山

日本武尊

狼

武尊深山跋涉图

神札

向拜月梁②上的狼
向拜的雕塑也选择了狼。

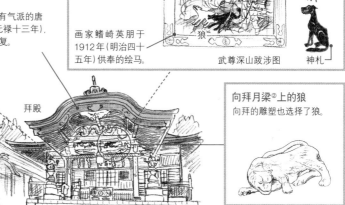

武藏御岳神社 (东京都)

狼信仰：秩父三峰神社

直到江户时代，神社所在的三峰山都是修验道之山，神佛融合色彩浓重。

随身门

三峰神社 (埼玉县)

道路两侧供有随身像，以前曾矗立在这里的仁王像已经被移至其他寺院。

切妻造的随身门，只有正面附有唐破风，过去曾是仁王门，建于1792年 (宽政四年)。

狼像
三峰山中本应放置狛犬的地方都放有狼的雕像。

耳朵的形状、尾巴和肋部等与狛犬不同。

除火之狼
同样是狼，各神社的图案不同。

三峰神社

神札

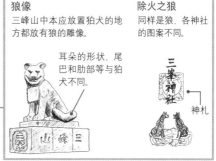

①狼信仰因防盗而闻名。火灾与遭受盗贼侵扰一样，属于无法提防之灾，因此被人们加入了对狼的信仰中。②弯曲的装饰性房梁。

祈祷晴雨的气候安定之神

贵船神社（京都府）

　　贵船神社祭祀的是水神高龗神。在农业时代，干旱和持续不断的雨都是重大问题。每当这时，朝廷和当政者就会命令各地的寺社进行祈祷。

　　在众多寺社中，贵船神社尤其受到尊崇，祈祷下雨就去贵船神社供上黑马，祈祷天晴则供上白马。后来，供奉的马匹由画在木板上的马代替，逐渐形成绘马。

　　奈良县的丹生川上神社与贵船神社齐名，在天气祈愿上格外灵验，祭神同样是高龗神。

实现晴雨愿望的高龗神

历史悠久的贵船神社
贵船神社历史悠久，据说678年（天武天皇七年）曾经重建社殿。神社由本宫、奥宫和中宫组成，本宫和奥宫的祭神高龗神是掌管水的龙神。祭祀磐长姬 [木花开耶姬（见第113页）的姐姐] 的中宫是祈祷结缘的地方。

涌出的神水
在本宫社殿前方的石垣处，水源源不断地涌出，水质极好，从未停歇，可以汲水带回家。

注连绳象征这里是神圣之水。

本宫拜殿
入母屋造，正面附有庇，通过币殿与本殿相连。

拜殿

本宫本殿
流造，现在的建筑与拜殿都于2005年（平成十七年）竣工。

本殿

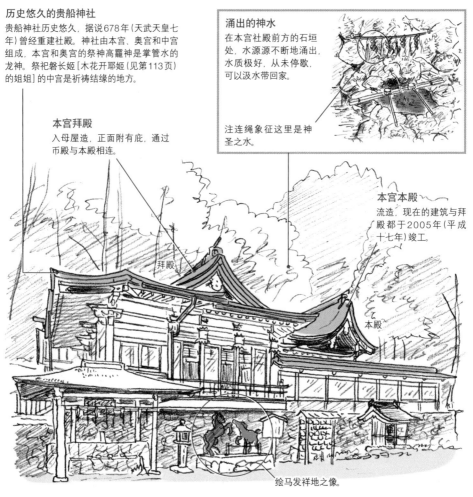

绘马发祥地之像。

所在地：京都府京都市左京区鞍马贵船町180。　创建年代：不明。　主祭神：高龗神。　小贴士：贵船神社的祈雨仪式最早记录于平安时代编纂的《日本后记》中，即818年（弘仁九年）嵯峨天皇在位期间供奉黑马的"祈雨之仪"。后来，历代天皇都会供奉活马，祈祷气候稳定。

祭祀水神的象征：龙

高龗神是伊奘诺尊斩杀火神轲遇突智（见第36页）时生出的神明之一，多被祈雨的神社供为神体。"龗"意为"龙"，龙自古以来就被视作水神。

祈雨后举行绘马烧纳式

每年3月9日，农忙季节开始之前，贵船神社都会举行祈祷气候稳定的"雨乞祭"[①]。随后便将一年来供奉的绘马全部烧掉（古绘马烧纳神事）。

在古绘马烧纳式上，宫司会向神献上祈祷，将绘马上写的参拜者心愿传递给神。

供奉神马转为供奉绘马

过去，人们在祈求降雨或雨停时会奉上活马，但后来被马的绘画代替。进入江户时代后，供奉绘马普及开来。

白马（止雨）

黑马（祈雨）

绘马发祥地的塑像

水的神社：丹生川上神社下社

丹生川上神社分为上社、中社和下社，各自独立，其中下社祭祀水神，止雨的祭祀活动流传至今。

入母屋造拜殿在天诛组之乱〔1863年（文久三年），尊王攘夷派的浪人在大和国起义〕中烧毁，后于明治时期重建。一般的礼拜都在拜殿举行。

后方的流造本殿屋顶附有置千木和鲣木，同为明治时代重建。

拜殿

丹生川上神社下社（奈良县）

神水

拜殿一旁的井中有神水，这口井被视为丹生御食之井。如今已不用吊桶汲水，而是用旁边的水龙头取水。

汲水用的滑轮保存至今。

连接本殿与拜殿的台阶

丹生川上神社的下社建在山坡上，本殿与拜殿高低不一，通过陡峭的台阶相连。台阶上方建有屋顶，宛如登廊[②]。

共75级台阶，只有在例行祭祀时才可拾级而上。

①雨乞祭曾在贵船山上的雨乞瀑布举行，现在改至贵船神社本宫的神前举行，通往雨乞瀑布的道路是禁地。②覆盖长距离台阶的走廊。

向病愈之神祈祷健康

甲斐神社（熊本县）

甲斐神社的社殿中有许多木制的手脚模型，猛一看不禁汗毛倒竖。这里的祭神是手脚的守护神、战国武将甲斐宗立公。

人们为了祈祷疾病痊愈，会在木制的手脚模型上写下愿望，供奉在神社中。

在民间信仰中，若于手脚疾病或伤痛的人们会祭拜足手荒神，供奉木制的手脚模型，有时还会献上石膏绷带。除了九州，秋田县等地也有信仰足手荒神的神社，但祭神各有不同。

祈求手脚痊愈的民间信仰

各种与手脚相关之事
除了接受疾病痊愈的祈愿，在神社内的奉纳所还可以看到一些手型、足型（像绘马一样写有愿望的木板）上写着"工作起来手脚灵便""提升运动能力"之类的心愿。

拜所
在这里礼拜。

供奉的手型和足型
木制手脚模型由疾病痊愈的崇拜者供奉。据说只要抚摸这里的木制手脚，生病的地方就会痊愈。

这边供奉着写有治愈心愿的木板，类似绘马。

所在地：熊本县上益城郡嘉岛町上六嘉 2242。　创建年代：1587 年。　主祭神：甲斐宗立公、甲斐宗运公。　小贴士：甲斐神社的祭神甲斐相模守亲秀入道宗立公（甲斐宗立）在肥后国（熊本）遭遇起义，逃到甲斐神社所在的嘉岛，受到人们的热情照顾，于是死后变成了手脚疾病的守护神。

小祠堂中的独特祈愿形态

很多时候，人们也会以当地的神明和英雄为对象，祈祷疾病和伤痛痊愈，场所
大多是小祠堂。祈愿或还愿时，人们常常会供上独一无二的"物"，别具特色。

手脚的守护神：池岛殿

筥崎宫（见第107页）的东末社中，5座末社并立在同一
座建筑里，其中的池岛殿供奉着治疗手脚疾病的神明。

东末社（福冈县）

供奉草鞋

人们会供奉1只草鞋，
祈祷手脚疾病痊愈，
治愈后会再供上1只。
挂在池岛殿前方栅
栏上的草鞋会在举
行池岛殿祭时焚烧。

守护眼睛的神社

行田八幡神社的末社目之神
社供奉着味耜高彦根神，源
于人们对治愈眼病的愿望。

目之神社（埼玉县）

"相向的め"绘马

人们会供奉图案为两个"め"[1]彼此相对的绘马，
祈祷眼病痊愈。在对眼睛有"效验"[2]的其他寺
社也可以看到类似的绘马。

为下半身祈愿就去荒胫巾神社

荒胫巾神社是盐
釜神社的末社。
荒胫巾神原为脚
的神明，后来掌
管范围扩大至整
个下半身。

匾额上写有"荒
胫巾社"。

鞋是供品之一。

荒胫巾神社（宫城县）

供奉男性生殖器模型

人们将模仿男
女生殖器的东
西供奉给掌管
下半身的神明。

祈祷耳病痊愈的石神尊祠

石神被视作治
愈耳病的神明。

附带格子
门的祠堂。

石神尊祠（神奈川县）

有孔的奉纳物

人们常用耳朵像开
了洞一样形容听力
变好，因此参拜者
在还愿时会奉上笊
屉等有孔的东西。

① "め"读作me，是日文中"目"的读音。②效验指效能、效果。对眼睛问题效果明显的神社还有篠座神社（福井县）、市谷龟冈
八幡宫（东京都）等。

学习参拜方法

在神社中参拜，有一系列固定的流程，接下来将按参拜顺序为大家介绍。

首先，在穿过神域入口的鸟居时要鞠一躬，并避开中央的神道从两侧通行。再往前走也一样，不能在参道中央行走。

接下来就到了手水舍，要在这里将手和口洗漱干净，神社非常重视清洁。随后沿参道前行，前往社殿（拜殿）参拜。礼拜的一般方式为二拜、二拍手、一拜，但有些神社的参拜方式不尽相同，要特别注意[①]。

奉上玉串（正式参拜）

正式参拜在哪里进行？
进行正式参拜时，参拜者需要进入拜殿，听完祝词后奉上玉串，最后完成直会[②]，结束参拜。

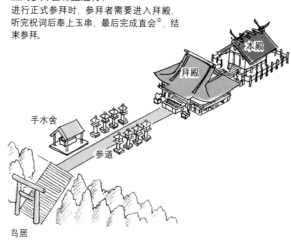

玉串的供奉方法

玉串与供给神明的食物具有同等意义。在正式参拜时，由神职人员完成净身、念祝词和献玉串的仪式。

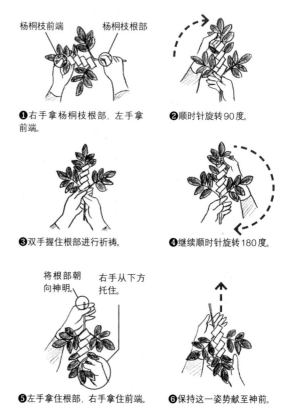

❶右手拿杨桐枝根部，左手拿前端。

❷顺时针旋转90度。

❸双手握住根部进行祈祷。

❹继续顺时针旋转180度。

❺左手拿住根部，右手拿住前端。

❻保持这一姿势献至神前。

①出云大社的参拜方式为二拜、四拍手、一拜。②直会是指喝下供神的神酒、吃下供品。品尝供神的东西，便可获得神的灵力。

神社的参拜方式是何时明确的？

江户时代以前，不同的神社或不同的流派各有各的参拜方式。直到二战之后，
二拜、二拍手、一拜才成为基本方式。

穿过神域的入口——鸟居

靠一侧
站立。

在神域的入口鸟居前，需要先停下鞠一躬再穿过。

沿参道前行

有的神社会指定参拜者要在左右某一侧通行。

参道中央是神明的通道，参拜者要靠向一侧稳步前行。此外，在神社境内还须脱帽。

用水清洁手口

用舀起的第一勺水完成一连串动作。

❶用长柄勺舀起水盘中的水，首先清洗左手。

❷清洗右手。

不要用嘴直接接触长柄勺。

❸用倒在左手中的水漱口。

将水完全倒干净，放回原位。

❹再次清洗左手后，将长柄勺竖起，用剩下的水清洗勺柄。

进行参拜

投钱的动作要轻柔。

❶投入香资。

❷摇响铃铛。

❸姿势端正，挺直脊背，完成两次深鞠躬。

拍手时，右手要略微向下错开。

❹双手举于胸前，打开时与肩同宽，拍手两次，最后再深鞠一躬。

后记

　　本书在呈现神社中各式建筑的基础上，选取了历史、神话、祭神及其带来的恩惠等方方面面的要素加以介绍。神社的有趣之处就在于这么多要素能够汇聚在一起。

　　直观可见的神域内和社殿形态中有许多颇有意趣之处，另外，为什么神社建在那里，过去曾举行过什么样的祭典，这类有关神社历史和人类活动的要素也同样值得关注。上古的人们是怀着怎样的想法创造了这样的空间和建筑？通过思考各个时代的人对神社的看法，我们可以发现从古代编织至今的时空物语。

　　我的专业是建筑史，主要研究为神道仪式建造的空间与建筑，当我不再局限于建筑的视角，将思想与信仰等融为一体观察时，那些多姿多彩、保留至今的神社便在我眼中变得生动起来。我衷心希望大家也能试着深入思考神社。

　　为了保护神社，每日侍奉神明的神职人员始终在默默努力，此外创造并维护社殿和神宝的工匠同样不可或缺，而当地人、崇拜者和参拜者更是延续神社信仰的重要存在。若信仰者消失，神明就会

失去存在的价值，神社也将失去意义。如果出现这样的局面，神社也就和古代遗迹无异了。

幸好，现今存世的神社大都得到了有效保护。在经年累月形成的传统之上，现代人的愿望得到反映，有的神社诞生了新的祭典，有的神社带给人们的恩惠受到广泛关注。人们正在用现在进行时编织信仰的厚度与历史。

这不仅仅局限于那些被指定为国宝、重要文化财或世界遗产的著名神社，只要有更多人关注各地传承至今、供奉当地氏神的神社和祭典，创造出神社的多样文化就会得到继承、流传。如果诸位能通过本书从多个角度感受到神社的魅力，并且亲自前往神社或观看祭典，参与到正在不断书写的时空物语中，我会感到非常欣喜。

最后，我想感谢创作了精彩插画的伊藤良一先生、尽心编辑本书的 G-Grapede 的坂田哲彦先生和在写作期间倾听我的困惑并提供建议的妻子麻由子。

米泽贵纪

参考文献

● 《国史大系新订增补第 1 卷上日本书纪前篇》，黑板胜美、国史大系编修会编，吉川弘文馆，1966 年 12 月

● 《国史大系新订增补第 1 卷下日本书纪后篇》，黑板胜美、国史大系编修会编，吉川弘文馆，1967 年 2 月

● 《国史大系新订增补第 7 卷古事记、先代旧事本纪、神道五部书》，黑板胜美、国史大系编修会编，吉川弘文馆，1966 年 1 月

● 《国史大系新订增补第 8 卷日本书纪私记、释日本纪、日本逸史》，黑板胜美、国史大系编修会编，吉川弘文馆，1965 年 4 月

● 《日本建筑词汇（新订）》，中村达太郎著，太田博太郎、稻垣荣三编，中央公论美术出版，2011 年 10 月

● 《日本建筑史基础资料集成社殿Ⅰ》，太田博太郎主编，中央公论美术出版，1998 年 6 月

● 《日本建筑史基础资料集成社殿Ⅱ》，太田博太郎主编，中央公论美术出版，1972 年 6 月

● 《日本建筑史基础资料集成社殿Ⅲ》，太田博太郎主编，中央公论美术出版，1981 年 8 月

● 《寺社建筑的历史图典》，前久男，东京美术，2002 年 3 月

● 《日本建筑史图集新订版》，日本建筑学会编，彰国社，1980 年 3 月

● 《日本建筑魅力事典》，中川武编，东京堂出版，1990 年 2 月

● 《神社的建筑　日本的美与教养 25》，林野全孝、樱井敏雄，河原书店，1974 年 11 月

● 《越前若狭的木匠、绘图与工具》，福井市立乡土历史博物馆，2007 年 5 月

● 《日本建筑技术史研究——木匠工具发展史》，渡边晶，中央公论美术出版，2004 年 2 月

● 《续日本绘卷大成 14 春日权现验记绘上》，小松茂美，中央公论社，1982 年 5 月

● 《思考古代冲之岛与古代祭祀》，小田富士雄编，吉川弘文馆，1988 年 8 月

● 《日本神道史》，冈田庄司编，吉川弘文馆，2010 年 6 月

● 《日本史小百科神道》，伊藤聪、远藤润、松尾恒一、森瑞枝，东京堂出版，2002 年 2 月

● 《神道事典》，国学院大学日本文化研究所编，弘文堂，1994 年 7 月

● 《日本神明读解事典》，川口谦二编著，柏书房，1999 年 10 月

● 《因幡白兔综合研究》，石破洋，牧野出版，2000 年 6 月

- 《狛犬事典》，上杉千乡，戎光祥出版，2001 年 11 月
- 《THE 狛犬！COLLECTION》，三游亭圆丈，立风书房，1995 年 12 月
- 《狛犬镜》，铎木能光，Banana Books，2006 年 9 月
- 《周刊朝日百科国宝之美 23 建筑 7 严岛神社、日吉大社、北野天满宫》，朝日新闻出版编，朝日新闻出版，2010 年 1 月
- 《日本的美术 No.525 文化财建筑的保存与修理过程》，村上讱一，株式会社行政，2010 年 2 月
- 《日本的美术 No.476 出云大社》，浅川滋男，至文堂，2006 年 1 月
- 《鹤冈八幡宫寺——镰仓的废寺》，贯达人，有邻堂，1997 年 12 月
- 《日本史大事典》（全 7 卷），平凡社，1992 年 11 月～ 1994 年 5 月
- 《国史大辞典》（全 15 卷），国史大辞典编辑委员会编，吉川弘文馆，1979 年 3 月～ 1997 年 4 月
- 《京都古社寺辞典》，吉川弘文馆编辑部编，吉川弘文馆，2010 年 5 月
- 《奈良古社寺辞典》，吉川弘文馆编辑部编，吉川弘文馆，2009 年 9 月

此外还参考了各项修理工程的报告书，以及各神社、博物馆发行的手册和宣传杂志等。

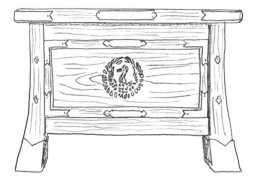

图书在版编目（ＣＩＰ）数据

日本神社解剖图鉴 ／（日）米泽贵纪著 ；史诗译
. —— 海口 ：南海出版公司，2019.2
ISBN 978-7-5442-9481-2

Ⅰ. ①日… Ⅱ. ①米… ②史… Ⅲ. ①神道－宗教建
筑－建筑艺术－日本－图集 Ⅳ. ①TU-885

中国版本图书馆CIP数据核字 (2018) 第244158号

著作权合同登记号　图字：30-2018—140

日本神社解剖图鉴

米泽贵纪　著

史诗　译

出　　版　南海出版公司　　（0898）66568511
　　　　　　海口市海秀中路51号星华大厦五楼　　邮编 570206
发　　行　新经典发行有限公司
　　　　　　电话(010)68423599　　邮箱 editor@readinglife.com
经　　销　新华书店

责任编辑　秦　薇
装帧设计　李照祥
内文制作　博远文化

印　　刷　河北鹏润印刷有限公司
开　　本　787毫米×1092毫米　1/16
印　　张　9.5
字　　数　120千
版　　次　2019年2月第1版
印　　次　2024年7月第5次印刷
书　　号　ISBN 978-7-5442-9481-2
定　　价　58.00元